JN267939

確率と統計
— 情報学への架橋 —

博士(工学) 渡辺　澄夫　共著
博士(工学) 村田　昇

コロナ社

まえがき

　本書は確率と統計の基礎とその情報学への架橋について解説するものである。
　確率と統計に関する入門的な講義は，大学1,2年次に行われることが多いが，近年，つぎの2点において変化が生じてきているように思われる。
　一つは，社会や産業において必要とされる確率および統計の知識が高度化してきていることである。従来からよく用いられていた実験科学におけるデータの解析においてだけでなく，コンピュータ，データベース，ネットワークの設計，人工知能の推論，情報通信の構築，経済予測や保険・年金の設計，認知心理学や脳科学，商品コンセプトの創出，遺伝子の解読や医療診断など，おおよそ人間と情報とのかかわりが生じる場面において確率と統計は必要である。それらの方法の基礎となる理論には，数理的に高度な概念も含まれている。例えば確率微分方程式論や確率分布族の幾何学論などがそれに相当する。大学初年度における入門的な紹介においてそれらの領域までも講義の範囲に含めるのは，広さの点でも深さの点でも明らかに不可能であるが，読者が将来，そのような場面に出会うときのために入門的な講義においても架橋となるような導入を行いたい。そのため本書では，基礎的な概念をできる限りわかりやすく説明する一方で，それらの概念が，将来，どのように変貌を遂げていくのかについても解説を加えるようにした。
　もう一つの点として，近年，確率や統計に関連するアプリケーションソフトウェアが充実し，数理的にきわめて高度な内容を含む情報処理でさえ，ボタン一つクリックするだけで実行できるようになったことをあげることができる。この世界にあるすべての情報システムを一人で作り上げることは不可能であるから，我々はソフトウェアのよい注文主，設計者，あるいはよいユーザになる

必要がある。すなわち，複合的な情報システムの構造を理解する数学的な感受性を持ち，用いているソフトウェアの目的と方法を捉える洞察力を持ち，得られた結果を吟味できる平衡感覚を持たなくてはならない。ソフトウェアの充実は，その利用者がますます深い洞察力と俯瞰的な視点を持つことを要求するようになってきているのである。このような観点から本書では，確率と統計について，問題の解き方をマスターするだけではなく，それらが「そもそもなにであるのか」「なにを目的としているのか」ということについてできる限り立体的に理解できるように解説した。

なお，各章末に付されている問題の中には純粋に練習するための問題も含まれているが，情報学への架橋として重要な意味を含むものも含まれている。興味を持った問題について考えておくと，いずれ情報学の中で出会うであろう類型の問題に出会うときに役立つのではないかと思う。

確率論と統計学とは，本当に面白い学問体系の一つであって，自然・人間・社会など，この世に存在するあらゆるものと直接の関係を持つ一方で，代数学・幾何学・解析学など現代数学のすべてと，やはり直接の関係を持っている。コンピュータの発達が〈直接の関係〉を〈直結の関係〉に変えようとしている。その基礎となる考え方について，本書で楽しみながら学んでいただければ幸いである。

2005 年 2 月

著　　者

目　　　次

第*I*部　確　　　率

1. 確　率　空　間

1.1　有限集合と可算集合の確率空間 2
1.2　実数上の確率空間 9
1.3　一般化された確率密度関数 17
1.4　一般の確率空間 20
章末問題 22

2. 確　率　変　数

2.1　確率変数の定義と概念 23
2.2　確率変数の関係 31
2.3　独　立　性 32
2.4　確率変数の収束 34
章末問題 36

3. 平 均 と 分 散

3.1　平均と分散の定義 38
3.2　チェビシェフの不等式 42
3.3　イェンセンの不等式 44
章末問題 46

4. 特性関数

- 4.1 特性関数の定義 48
- 4.2 特性関数とモーメント 54
- 4.3 特性関数と独立性 57
- 章末問題 59

5. 条件つき確率とベイズの定理

- 5.1 同時確率と条件つき確率 60
- 5.2 ベイズの定理と逆推論 65
- 章末問題 69

6. 中心極限定理

- 6.1 大数の法則 71
- 6.2 法則収束とは 75
- 6.3 中心極限定理とは 79
- 章末問題 85

7. カルバック情報量

- 7.1 カルバック情報量の定義と性質 87
- 7.2 確率変数の推測 91
- 7.3 確率変数の実現 93
- 章末問題 97

8. 参考文献の紹介

第II部 統計

9. 統計的推測の考え方

- 9.1 統計における推定問題 102
- 9.2 推定量と推定値 105
- 9.3 推定量の不偏性と分散 107

目 次　v

章 末 問 題 *112*

10. 平均値の不偏推定

10.1　誤差の分布の形がわからない場合 *113*
10.2　誤差の分布の形がわかる場合 *116*
章 末 問 題 *129*

11. 最 尤 推 定 量

11.1　最尤推定の考え方 *131*
11.2　最尤推定量の一致性 *133*
11.3　最尤推定の有効性 *135*
11.4　クラメール・ラオの不等式 *137*
章 末 問 題 *141*

12. 仮 説 検 定

12.1　仮説検定の枠組み *142*
12.2　さまざまな検定統計量 *148*
12.3　過 誤 と 検 出 力 *154*
12.4　ネイマン・ピアソンの補題 *157*
章 末 問 題 *160*

13. 補　　　　遺

13.1　文　　　　献 *162*
13.2　ベ イ ズ 統 計 *163*
　13.2.1　ベイズ統計の考え方 *164*
　13.2.2　ベイズ統計による推定と検定 *165*
　13.2.3　ベイズ統計の問題点 *166*

章 末 問 題 解 答 *168*
索　　　　　引 *176*

I
確　率

Probability

1 確率空間

確率的な現象を考えるためには，その舞台となる場所を定義しておく必要がある．それは
  (1) 確率的な現象が生じる場所，すなわち集合
  (2) その部分集合の中で確率が計算できるもの全体
  (3) 確率の値

の 3 組で定義されることになる．これを確率空間という．本章では，確率空間の概念をつかもう．

1.1 有限集合と可算集合の確率空間

集合 Ω の要素の数が有限であるとき **有限集合** (finite set) という．集合 Ω の要素の数が有限ではなく，Ω から自然数全体の集合 $\{1, 2, 3, \cdots\}$ へ 1 対 1 で上への写像が存在するとき，Ω を **可算集合** (countable set, enumerable set) という．Ω が有限集合であるか，あるいは可算集合であるとき，Ω を **高々可算集合** (at most countable set) であるという．高々可算集合でない集合は **非可算集合** (uncountable set) という．

例 1.1 つぎの集合はすべて可算集合である．
  (1) 自然数の中の偶数全体の集合
  (2) 自然数の組合せ (m, n) 全体の集合
  (3) 有理数全体の集合

一方，つぎの集合は非可算集合である。
(1) 実数全体の集合
(2) 自然数から自然数への関数全体の集合
(3) 実数から実数への連続関数全体の集合

ある集合が非可算であることの証明は，自然数全体の集合と1対1で上への写像が存在しないことを示すことで行われる。

Ω を有限集合または可算集合とする。Ω から実数への関数 p であってつぎの条件を満たすものを**確率関数** (probability function) または**確率分布** (probability distribution) という。
(1) 任意の $\omega \in \Omega$ について $p(\omega) \geqq 0$
(2) $\sum_{\omega \in \Omega} p(\omega) = 1$

確率関数が与えられると，集合の要素 ω が起こる確率が $p(\omega)$ であるような確率的な現象が一つ定義されたことになる（図 **1.1**）。

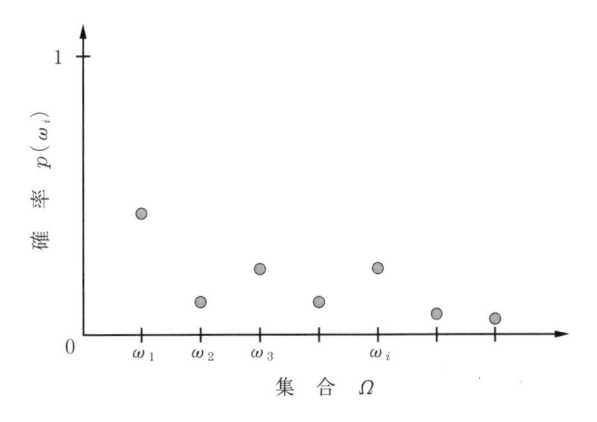

図 **1.1** 有限集合または可算集合の上の確率関数

例 1.2 サイコロふりを考える。サイコロの出る目の数が $1, 2, 3, 4, 5, 6$ で

あり，すべての目が等確率で現れる確率的現象を表現したいとき

$$\Omega = \{1, 2, 3, 4, 5, 6\}$$

として，確率関数を

$$p(1) = p(2) = p(3) = p(4) = p(5) = p(6) = \frac{1}{6}$$

とする．つぎに天気を考える．晴れ，曇り，雨の3通りがあり，晴れが50%，曇りが30%，雨が20%であるときには

$$\Omega = \{ \text{晴れ}, \text{曇り}, \text{雨} \}$$

であり，確率関数を

$$p(\text{晴れ}) = 0.5, \quad p(\text{曇り}) = 0.3, \quad p(\text{雨}) = 0.2$$

と定めればよい．

注意 1.1 上記の例 1.2 で，天気を確率的な現象と考えてよいかどうかは，議論があるところであろう．確率論の対象として考えるとすれば，例えば例 1.2 のように表現を与えることができる．高等学校までの数学では，等しい確率で生じる「場合の数」が N 通りであり，そのうちで k 通りに相当する現象が生じる確率を k/N と計算する．現代確率論では，確率の値を人間が定義することから出発する．なぜ，こうするのかというと，「等しい確率で生じる現象」は，それを考える人により異なる可能性があるので，曖昧さをなくすために，確率の値を明示的に定めておく必要があるからである．

例 1.3 コインをふって，裏が出たら止め，表が出たら続けるものとする．コインをふる回数の確率的なばらつきを考えたいときには，その回数が有限の範囲にはないので無限集合が必要になる．

$$\Omega = \{1, 2, 3, \cdots\}$$

コインの表裏が等確率で出るものとし，新しいコイン投げがそれまでの表裏に依存しないならば，確率関数は

$$p(n) = \frac{1}{2^n}$$

と定義されるべきであろう。これが確率関数として矛盾なく定義されていることは，$p(n) \geqq 0$ および

$$\sum_{n=1}^{\infty} p(n) = 1$$

によって確かめられる。Ω が無限集合のときには，すべての要素が等確率となるような確率関数は作れないことに注意しよう。実際，$p(n)$ が自然数の集合 $\boldsymbol{N}$ の上の確率関数であるならば

$$\lim_{n \to \infty} p(n) = 0$$

が成り立つ。確率論では，自然数のすべての数に等しい確率を与えることはできない。それはコンピュータもできない。人間は，すべての自然数を等しい割合で思い浮かべることができるだろうか。

例 1.4 a を $0 < a < 1$ を満たす定数とする。$\Omega = \{0, 1, 2, \cdots, n\}$ として確率関数を

$$p(r) = {}_n C_r \, a^r \, (1-a)^{n-r}$$

と定義する。この確率関数を **2 項分布** (binomial distribution) という (図 **1.2**)。$p(r)$ が確率関数であることは

$$\sum_{r=0}^{n} p(r) = (a + (1-a))^n = 1$$

であることから確かめられる。この分布は符号理論や遺伝子解析などでたいへん重要な役割りを果たす。なお，n 個から r 個のものを取り出す組合

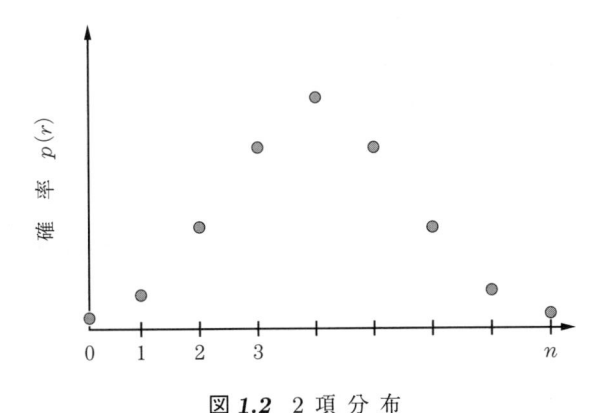

図 **1.2**　2 項 分 布

せ $_nC_r$ （2項係数という）は，日本国内でしか使われない記号であるらしい。国際的には
$$\begin{pmatrix} n \\ r \end{pmatrix} = {}_nC_r$$
という記号が使われることが多いようである。

有限集合または可算集合 Ω の部分集合全体の作る集合族（集合が集まって作られる集合を，集合族という）を 2^Ω と書く。$A \in 2^\Omega$ となる A に対して，すなわち，Ω の部分集合 A に対して，A の中の要素のいずれかが起こる確率を $P(A)$ と書くと，確率関数を用いて
$$P(A) = \sum_{\omega \in A} p(\omega)$$
となる。このとき，つぎの性質が成り立つ。

(1) 任意の $A \in 2^\Omega$ について $0 \leqq P(A) \leqq 1$

(2) $P(\Omega) = 1$

(3) 任意の可算個の $A_1, A_2, A_3, \cdots \in 2^\Omega$ について「$i \neq j$ ならば $A_i \cap A_j = \emptyset$」のとき（$\emptyset$ は空集合を表している）
$$P\left(\bigcup_{i=1}^\infty A_i\right) = \sum_{i=1}^\infty P(A_i)$$
が成り立つ。

上記の性質 (1), (2), (3) を満たすような P のことを**確率測度** (probability measure) という。

確率関数が与えられると確率測度が定義されるが，一方，確率測度 P が与えられたとき，要素の個数が 1 個の集合 $\{\omega\}$ の確率測度の値を用いて $p(\omega) = P(\{\omega\})$ と定義すれば確率関数 p が一意に定まる。

つぎの 3 組 $(\Omega, 2^\Omega, P)$ を有限集合あるいは可算集合の**確率空間** (probability space) という。

(1) 有限集合あるいは可算集合 Ω

(2) Ω の部分集合全体が作る集合族 2^Ω

(3) 確率測度 P

確率関数 p あるいは確率測度 P のことを**確率分布** (probability distribution) という。

注意 1.2 有限集合あるいは可算集合では，確率空間を考えてもありがた味が感じられないかもしれない。しかしながら，より一般の集合を考えるときには確率空間がたいへん基礎的な役割りを果たすことになる。

統計学の用語として，集合 Ω のことを**標本空間** (sample space)，標本空間の部分集合のことを**事象** (event) と呼ぶ場合がある。全集合のことを**全事象** (whole event) といい，空集合のことを**空事象** (empty event) という。ある事象の補集合のことを**余事象** (complementary event) という。二つの事象の共通部分が空集合のとき，たがいに**排反な事象** (exclusive event) という。

確率的な現象において標本空間の中のいずれかの要素を確率分布に従ってランダムに選び出すことを**試行** (trial) と呼び，試行の結果，選び出された要素のことを**実現値** (example, sample) と呼ぶ。

注意 1.3 確率測度 P を定義するときでは，Ω において確率が計算できる集合として Ω の部分集合全体と述べた。場合によっては，確率測度として部分集合の中で限られたものについてだけ確率を考えたいことがあり，確率測度の定義はそのような場合にも拡張ができる。例えば，サイコロをふるとき，「出る目が奇数」か「出る目が偶数」という部分集合だけに確率を与えたい場合があり，確率測度はそのような場合にも用いられる。

例 1.5 コイン投げを考えよう。コインを投げた結果，表か裏が出るので，集合 Ω として $\Omega = \{\,表, 裏\,\}$ とする。このとき

$$p(表) = 0.6, \quad p(裏) = 0.4$$

と定めれば，p は確率関数になる。確率測度 P は

$$P(\emptyset) = 0, \quad P(\Omega) = 1,$$
$$P(\{\,表\,\}) = 0.6, \quad P(\{\,裏\,\}) = 0.4$$

となる。$(\Omega, 2^\Omega, P)$ は確率空間である。

例 1.6 Ω を自然数全体の集合とし，Ω の上の確率関数
$$p(n) = \frac{1}{2^n}$$
を考える。Ω の中で偶数全体が作る部分集合
$$A = \{2, 4, 6, 8, 10, \cdots\}$$
について，A の中のいずれかの要素が起こる確率は
$$P(A) = \sum_{n=1}^{\infty} \frac{1}{2^{2n}} = \frac{1}{3}$$
である。可算集合の上の確率測度においては，部分集合 A としてどのようなものを持ってきても確率 $P(A)$ は有限確定値になる。これは，単調非減少で有界な実数の数列は必ず収束するからである。

注意 1.4 確率空間の定義においては，「ランダムさ」についてはなにも述べられていないことに注意しよう。実際，コインの表裏の集合と，その上の関数を定義することはコンピュータでも容易に行えるが，「確率 0.5 で表，確率 0.5 で裏」となるような現象をコンピュータで作ることはできない。つまり，つぎの言明が成り立つ。

コンピュータはサイコロをふることはできない。

コンピュータでは「試行」を実行することはできないのである。例 1.7 で述べるように，多くのプログラム言語では擬似乱数と呼ばれる「サイコロもどき」が用意されており，確率的な現象をまねることができるが，擬似乱数はプログラムで作られているので，擬似乱数の関数の出力は確定的であり確率的ではない。

「ランダムである」とは，どういうことであるか，またできるだけランダムに近いものを作るにはどうしたらよいか，という問題は，情報学においてきわめて大切な課題であり，現在もさまざまな研究が行われている。

注意 1.5 確率空間は人間が設定するものである。このとき，「人間が定義した確率空間が，自然や心や社会において生じている現象を，どの程度正しく表し

ているのか」という点を心配しなくてはならない。自然や心や社会における現象を知るためには，それらについて観測を行い例を集め，その例に基づいて，人間の行った定義がどの程度に正しいかを考察することになる。このようなとき，人間の定義した確率空間が,「完全に正しい」か「完全に正しくない」のどちらかになるということは，あまり起こらない。むしろ，設定された確率空間によって見えるものと見えないものがあるということが普通である。したがって，確率空間の設定に当たっては，正しいかどうかだけではなくて

　　　　　その確率空間がなにを見ようとして定義されているのか

を問うことが大切である。確率空間を設定し，その上に理論体系を構築するものが確率論であり，自然や心や社会における現象と確率空間の間の関係を問うものが統計学である。

1.2　実数上の確率空間

実数全体の集合を R と書く。

$$R = \{-\infty < x < \infty\}$$

実数全体の上に確率空間を作りたい。しかしながら，R の中には，可算集合よりもたくさんの要素があるので，有限集合や可算集合のときのように，各要素が生じる確率を与えるわけにはいかない。そこで確率を定義するために積分を利用することにする。なお，本書では (a,b) で開区間を $[a,b]$ で閉区間を表す。すなわち，$(,)$ は端点を含まず，$[,]$ は端点を含むものとする。

実数全体の集合 R から実数への関数 $p(x)$ でつぎの条件を満たすものを **確率密度関数** (probability density function) あるいは **確率分布** (probability distribution) という。

(1) 任意の $x \in R$ について $p(x) \geqq 0$

(2) 任意の $a, b \in R$ について集合 $A = \{x \in R; a < x < b\}$ における積分値 $\int_A p(x)dx$ が有限確定である。

(3) $\int_{-\infty}^{\infty} p(x)dx = 1$ が成り立つ．

確率密度関数 $p(x)$ が与えられたとき，集合 A の上の積分値が有限確定であれば，A の中のいずれかの要素が生じる確率が

$$P(A) = \int_A p(x)dx$$

となる確率的現象が定義されたことになる（図 **1.3**）．

集合Aの中のどれかが起こる確率：
$P(A) = \int_A p(x)\,dx$

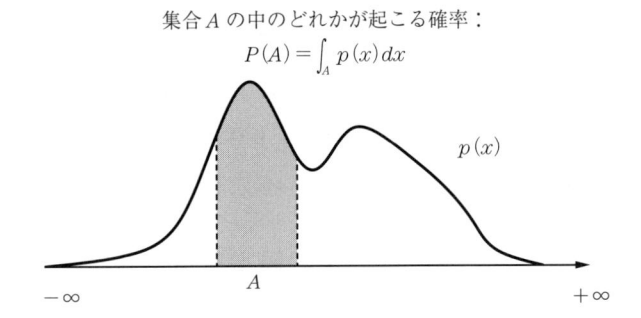

図 **1.3**　確率密度関数

例 1.7　つぎの確率密度関数を区間 $[a, b]$ 上の**一様分布** (uniform distribution) という．ただし $a < b$ とする．

$$p(x) = \begin{cases} \dfrac{1}{b-a} & (a \leq x \leq b) \\ 0 & (\text{上記以外}) \end{cases}$$

集合 $A = \{0.1 \leq x < 0.3\}$ が区間 $[a, b]$ に含まれているとき，A の中のいずれかの要素が生じる確率は

$$P(A) = \int_{0.1}^{0.3} \frac{dx}{b-a} = \frac{0.2}{b-a}$$

である．計算機プログラムには，整数の部分集合 $0, 1, 2, \cdots, n$ の中から，いずれかの要素が等確率で現われるものか，あるいは区間 $[0, 1]$ 上の一様分布からサンプルを発生するものを模倣したものが用意されていることが多い（擬似乱数）．

例 1.8 区間 $[0,2]$ 上の確率密度関数

$$p(x) = Cx$$

を考える（C は定数）。全集合の確率が 1 であることから

$$\int_0^2 Cp(x)dx = 2C = 1$$

より $C = 1/2$ である。また $\{1 \leqq x < 3/2\}$ の中のいずれかの要素が起こる確率は

$$P(\{1 \leqq x < 3/2\}) = \int_1^{3/2} \frac{x}{2}dx = \frac{5}{16}$$

である。

注意 1.6 ある区間 $[a,b]$ 上の確率密度関数 $p(x)$ が連続かつ有界であるとする。このとき 1 点からなる集合 $\{a\}$ の中の要素が生じる確率は

$$P(\{a\}) = \int_a^a p(x)dx = 0$$

である。集合 $\{a \leqq x < a+da\}$ のいずれかの要素が生じる確率は

$$P(\{a \leqq x < a+da\}) = \int_a^{a+da} p(x)dx = p(a)da$$

である。確率密度関数は確率の密度であって，それ自体は確率ではない。全集合の確率は 1 であるが，$p(x)$ の値自体は 1 よりも大きな値になり得る。

例 1.9 つぎの確率密度関数を**標準正規分布** (standard normal distribution) という（図 **1.4**(a)）。

$$p_0(x) = \frac{1}{\sqrt{2\pi}} \exp\left(-\frac{x^2}{2}\right) \qquad (1.1)$$

また，つぎの密度関数を平均 m，分散 σ^2 の**正規分布** (normal distribution) という（図 (b)）。$\sigma\,(>0)$ を標準偏差という。

$$p(x) = \frac{1}{\sqrt{2\pi\sigma^2}} \exp\left(-\frac{(x-m)^2}{2\sigma^2}\right)$$

この分布のことを $\boldsymbol{N}(m,\sigma^2)$ という記号で表現する場合がある。二つの

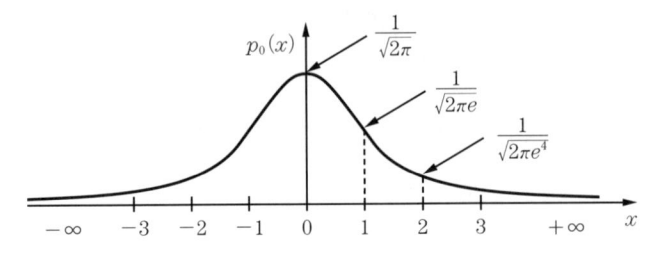

(a) 標準正規分布

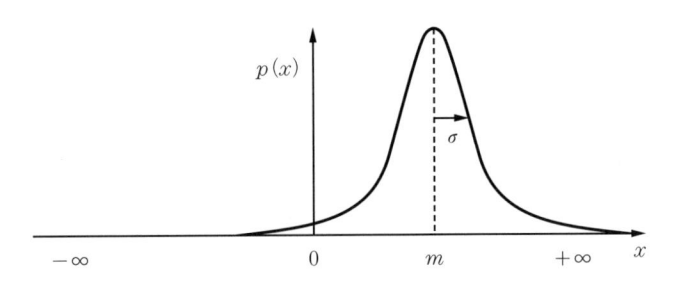

(b) 正規分布

図 **1.4** 標準正規分布と正規分布

分布には，つぎのような関係がある．

$$p(x) = \frac{1}{\sigma} p_0\left(\frac{x-m}{\sigma}\right)$$

つまり，標準正規分布を m だけ平行移動して，σ だけ広げたものが一般の正規分布である．標準正規分布 $p_0(x)$ について，つぎの二つの不等式は，よく利用される．

$$\int_{-2}^{2} p_0(x)dx > 0.95$$

$$\int_{-3}^{3} p_0(x)dx > 0.99$$

これより正規分布について

$$\int_{m-2\sigma}^{m+2\sigma} p(x)dx > 0.95$$

$$\int_{m-3\sigma}^{m+3\sigma} p(x)dx > 0.99$$

が成り立つ．

注意 1.7 標準正規分布が
$$\int_{-\infty}^{\infty} p_0(x)dx = 1$$
を満たすことを示すためには公式
$$A \equiv \int_{-\infty}^{\infty} \exp\left(-\frac{x^2}{2}\right) dx = \sqrt{2\pi}$$
が必要である．これはつぎのようにして示すことができる．
$$A^2 = \int_{-\infty}^{\infty} \int_{-\infty}^{\infty} \exp\left(-\frac{x^2 + y^2}{2}\right) dxdy$$
$$= \int_0^{\infty} \int_0^{2\pi} \exp\left(-\frac{r^2}{2}\right) rdrd\theta = 2\pi$$
ここで変数変換
$$x = r\cos\theta$$
$$y = r\sin\theta$$
において $dxdy = rdrd\theta$ となることを利用した．

例 1.10 非負の実数 $[0,\infty)$ 上のつぎの確率密度関数を**指数分布** (exponential distribution) という．
$$p(x) = \lambda e^{-\lambda x}$$
ここで $\lambda(>0)$ は定数である．ネットワークのアクセスや製品の寿命や原子の崩壊などの現象の記述にこの分布が使われる場合がある．

さて一般の集合 $A \subset \mathbf{R}$ についても，もしも，積分値
$$P(A) = \int_A p(x)dx$$
が有限確定値になるならば，「$x \in A$ となる確率」が $P(A)$ であるような確率的な現象が定義されている．$P(A)$ が有限確定値となるような集合 A の作る集合族 $\mathcal{B}$ がつぎの性質を満たすことは積分の性質から導かれる．

(1) $\Omega \in \mathcal{B}$
(2) 任意の $A \in \mathcal{B}$ について $A^c \in \mathcal{B}$
(3) 任意の可算個の $A_1, A_2, A_3, \cdots \in \mathcal{B}$ について $\bigcup_{i=1}^{\infty} A_i \in \mathcal{B}$

このような性質を持つ集合族を**シグマ加法族** (sigma-algebra)，または**完全加法族** (completely additive class) という。特に，開集合全体を含む最小のシグマ加法族のことを**ボレル集合族** (Borel field) という。シグマ加法族 $\mathcal{B}$ の要素の確率を与える関数 P はつぎの性質を持っている。

(1) 任意の $A \in \mathcal{B}$ について $0 \leqq P(A) \leqq 1$
(2) 全体の集合 Ω について $P(\Omega) = 1$
(3) 任意の可算個の $A_1, A_2, A_3, \cdots$ で，どの二つの集合も共通部分が空集合のとき，つまり $A_i \cap A_j = \emptyset$ $(i \neq j)$ であるとき
$$P\left(\bigcup_{i=1}^{\infty} A_i\right) = \sum_{i=1}^{\infty} P(A_i)$$
が成り立つ。

このような性質を持つ P のことを実数上の**確率測度** (probability measure) という。またこうして定義される 3 組 $(\mathbf{R}, \mathcal{B}, P)$ を実数上の**確率空間** (probability space) という。確率密度関数 $p(x)$ あるいは確率測度 P のことを総称して**確率分布** (probability distribution) という。積分要素 $p(x)dx$ のことを確率測度ということもある。

注意 1.8 実数上の確率は積分で定義されているので，空集合以外にも確率が 0 になる集合がある。確率測度として標準正規分布を考える。一点 a からなる集合の確率は 0 である。
$$P(\{a\}) = \int_a^a dx = 0$$
これより，可算集合
$$A = \{a_1, a_2, \cdots\}$$
の確率も 0 になる。
$$P(A) = \sum_{i=1}^{\infty} P(\{a_i\}) = 0$$

有理数全体の集合は可算個なので，その確率も 0 であり，その補集合である無理数全体の集合の確率は 1 である。

Ω の部分集合 U で $P(U) = 1$ を満たすものが与えられ，U の中のすべての元 x について，ある命題 $Prop(x)$ が成り立つとき

　　$Prop(x)$ 　(a.s.)

あるいは

　　確率 1 で $Prop(x)$ が成り立つ

という書き方をする。ここで (a.s.) は almost surely の略である。(a.e.) という記号が用いられるときもある（almost everywhere の略）。例えば $f(x) = |x|$ とするとき「確率 1 で $f(x)$ は微分可能である」などという。「測度 0 の集合を除いて $f(x)$ は微分可能である」といういい方をするときもある。

例 1.11 非負の実数に値を取る確率変数が確率密度関数

$$p(x) = e^{-x}$$

に従うとする。

$$A = \{x \in \boldsymbol{R}; 0 < x < 1, 2 < x < 3, 4 < x < 5, \cdots\}$$

の確率は

$$P(A) = \sum_{n=0}^{\infty} \int_{2n}^{2n+1} e^{-x} dx = \frac{e}{1+e}$$

である。直接計算しても得られるが

$$P(A) + P(A^c) = 1, \quad P(A) = eP(A^c)$$

からも求めることができる。

N 次元ユークリッド空間を $\boldsymbol{R}^N$ と書く。実数全体の集合は 1 次元のユークリッド空間である。N 次元ユークリッド空間においても実数のときと同じように確率空間を定義することができる。$\boldsymbol{R}^N$ の要素 $x = (x_1, x_2, \cdots, x_N)$

から実数への関数 $p(x)$ でつぎの条件を満たすものを多次元の**確率密度関数** (probability density function) という.

(1) 任意の $x \in \boldsymbol{R}^N$ について $p(x) \geqq 0$
(2) $\boldsymbol{R}^N$ における任意の開集合 U の積分値
$$\int_U p(x)dx = \int\int\cdots\int_U p(x_1, x_2, \cdots, x_N)dx_1 dx_2 \cdots dx_N$$
が有限確定である.
(3) $\int_{\boldsymbol{R}^N} p(x)dx = 1$ が成り立つ.

確率密度関数が与えられたとき, $\boldsymbol{R}^N$ の部分集合 A のいずれかの要素が生じる確率が
$$P(A) = \int_A p(x)dx$$
となるような確率的な現象が定義されたことになる. このようにして確率が定義できる集合全体が作る集合族 $\mathcal{B}$, および, そこから実数への関数 P によって N 次元ユークリッド空間の上の確率空間 $(\boldsymbol{R}^N, \mathcal{B}, P)$ が定義される.

例 1.12 N 次元ベクトル $a \in \boldsymbol{R}^N$ および, 固有値がすべて正の $N \times N$ の対称行列 S $(S_{ij} = S_{ji})$ が与えられたとき, N 次元ユークリッド空間上の確率密度関数
$$p(x_1, x_2, \cdots, x_N) = \frac{1}{\sqrt{(2\pi)^N \det S}} \exp\left(-\frac{(x-a)S^{-1}(x-a)}{2}\right)$$
を**平均ベクトル** (average vector) a, **分散共分散行列** (variance covariance matrix) S の N 次元正規分布という.

例 1.13 N 次元ユークリッド空間の上の連続関数 $E(x)$ が与えられたとする. $\beta(>0)$ を定数とする. 応用上, 確率密度関数
$$p(x) = \frac{1}{Z(\beta)} \exp(-\beta E(x))$$
から作られる確率空間がしばしば重要になる. ここで
$$Z(\beta) = \int \exp(-\beta E(x))dx$$

である.この確率分布を**ボルツマン分布** (Boltzmann distribution) と
いう.

1.3 一般化された確率密度関数

1.2 節で述べたように,実数の上の確率密度関数が与えられたとき確率測度
が定義できる.ここで $p(x)$ としては,通常の関数を考えたのであるが,実数
上のある値,例えば 0 だけをつねに取り続けるような確率現象を記述したい場
合に不便である.そのような場合に用いられるのが,一般化された確率密度関
数である.

関数の概念を少しだけ拡張して,**デルタ関数** (delta function) $\delta(x)$ をつぎ
の性質を持つ関数と定義する (図 **1.5**)。

$$\delta(x) = \begin{cases} \infty & (x = 0) \\ 0 & (x \neq 0) \end{cases}$$

また,任意の連続関数 $f(x)$ について

$$\int_{-\infty}^{\infty} f(x)\delta(x)dx = f(0)$$

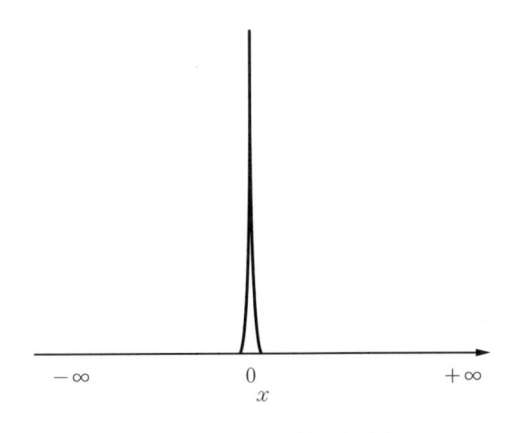

図 **1.5** デルタ関数の概念図

が成り立つものとする．特に $f(x)$ としてつねに 1 となる関数を考えれば

$$\int_{-\infty}^{\infty} \delta(x)dx = 1$$

である．このような関係式を満足する $\delta(x)$ は通常の関数の範囲では存在しないが，$\delta(x)$ は原点に無限大の密度を持つ確率密度関数であると考えることにする．

この関数を用いると，例えば，「確率 1/3 で $x=0$ に，確率 2/3 で $x=1$ となるような確率的な現象」は

$$p(x) = \frac{1}{3}\delta(x) + \frac{2}{3}\delta(x-1)$$

と表すことができる．また自然数の上の確率関数

$$p(n) = \frac{1}{2^n}$$

と同じ分布を実数上の確率密度関数として表現する場合には

$$p(x) = \sum_{n=1}^{\infty} \frac{1}{2^n}\,\delta(x-n)$$

のように書く．本書では確率密度関数の概念をこのような関数まで拡張して考え（通常の確率密度関数も含める），一般化された確率密度関数と呼ぶことにする．確率密度関数のときと同様にして確率空間 $(\boldsymbol{R}, \mathcal{B}, P)$ を構成できる．確率密度関数の概念をこのように拡張すれば，実数の上の確率測度はすべて一般化された確率密度関数で表すことができることが知られている．

例 1.14 一般化された確率密度関数

$$p(x) = \frac{1}{6}(\delta(x-2) + \delta(x-4) + \delta(x-6)) + \frac{1}{2} \cdot \frac{1}{\sqrt{2\pi}} \exp\left(-\frac{x^2}{2}\right)$$

は，すべての面が 1/6 の確率で出るサイコロをふり，偶数が出たときには目の値そのものを，奇数が出たときには標準正規分布から発生される値を表している．

一般化された確率密度関数 $p(x)$ が与えられたとき，関数 $F(x)$ を

$$F(x) = \lim_{\varepsilon \to +0} \int_{-\infty}^{x-\varepsilon} p(y)dy$$

と定義する。この関数を $p(x)$ の**累積分布関数** (cumulative distribution function) あるいは、単に**分布関数**と呼ぶ。累積分布関数は $F(-\infty) = 0, F(\infty) = 1$ を満たし、単調非減少関数である。また定義から $F(x)$ は

$$\lim_{\varepsilon \to +0} F(x - \varepsilon) = F(x)$$

を満たす（左側連続である）(図 **1.6**)。また $p(x)$ の連続点上で

$$F'(a) = p(a)$$

が成り立つ。デルタ関数 $\delta(x)$ の累積分布関数は

$$F(x) = \begin{cases} 1 & (x > 0) \\ 0 & (x \leq 0) \end{cases}$$

である。この関数をステップ関数といい $\Theta(x)$ と書く。なお、書物によっては累積分布関数を

$$F(x) = \lim_{\varepsilon \to +0} \int_{-\infty}^{x+\varepsilon} p(y) dy$$

と定義する場合もある。このときは右側連続関数になる。

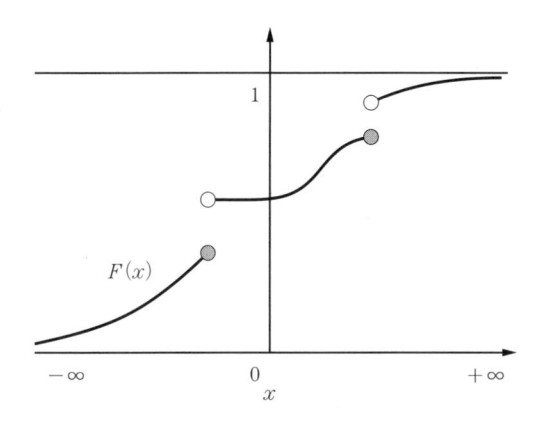

図 **1.6** 累積分布関数

例 1.15 一般化された確率密度関数
$$p(x) = \frac{1}{2}\delta(x) + \frac{1}{2\pi} \cdot \frac{1}{1+x^2}$$
の累積分布関数は

$$F(x) = \frac{1}{2}\Theta(x) + \frac{1}{2\pi}\tan^{-1}(x) + \frac{1}{4}$$

である。

1.4 一般の確率空間

1.2, 1.3節で，有限集合あるいは可算集合の上の確率空間と，実数の上の確率空間を定義した．これ以外の集合の上でもつぎの定義を満たすものを**確率空間** (probability space) $(\Omega, \mathcal{B}, P)$ という（図 **1.7**）．

(1) 全体集合 Ω
(2) Ω の部分集合の集合が作るシグマ加法族 $\mathcal{B}$
(3) $\mathcal{B}$ 上の測度 P

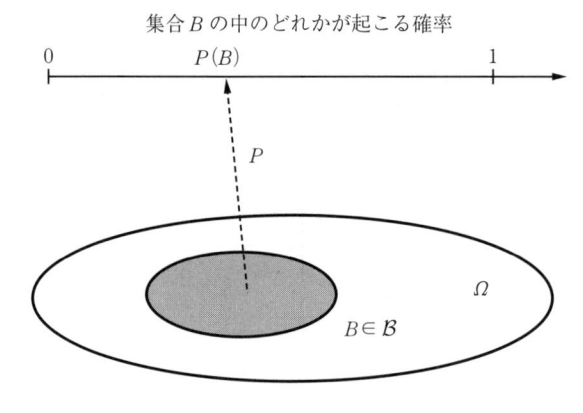

図 **1.7** 一般の確率空間

有限集合でも可算集合でも実数全体でもない集合においては，確率関数や確率密度関数に相当するものが存在するとは限らないので，確率測度 P を設定するためには，その確率空間に応じた方法を作る必要がある．本書では述べないが，関数全体の集合の上の確率空間の扱い方について数学的な方法が構築されていて，確率微分方程式を考えるとき用いられている．

質問 1.1 確率空間の定義が抽象的でなんの役に立つのかよくわからないのですが，これを全部，覚えなくてはならないのでしょうか．

答え 1.1 本書の範囲では，確率関数を使うことと確率密度関数を使うことに慣れることが第一です．確率空間の定義は必要になったら思い出せればよく，いまの段階では覚えなくてもよいでしょう．将来，アルゴリズム理論，情報理論，学習理論，確率過程論などに関連する分野に進む人は必要になったら復習して下さい．そのとき，確率空間の概念がいかに重要であるかは身にしみて感じることになりますが，必要になってから身にしみて感じることも大切なことだと思います．

質問 1.2 例えば標準正規分布では $x=0$ となる確率は 0 ですが，正規分布を試行すると，$x=0$ が実現値になることがありえます．これは確率が 0 の現象が起こるということでしょうか．

答え 1.2 実数においては，確率は積分で定義されているので，確率が 0 になる集合は，じつはたくさんあります．例えば，有理数全体の集合の確率は 0 になります．確率 0 の集合は空集合とは限りません．$x=0$ が実現値となることは確率 0 で起こるわけです．確率 0 の現象が起こるということがわかりにくければ，つぎのように考えるとよいでしょう．確率密度関数 $p(x)$ が与えられたとき，$\varepsilon(>0)$ が小さければ，「$\{-\varepsilon < x < \varepsilon\}$ の中の要素が実現値となる確率は $p(0)2\varepsilon$ である」が成り立ちます．これより，無限に小さな区間の中のどれかの値が起こる確率は無限に小さな値になります．無限に小さな確率で起こる現象も，実現されることはあるわけです．

質問 1.3 実数の上の確率空間において「確率が定義できる部分集合」という奇妙ないい方をするのはなぜでしょうか．

答え 1.3 入門の段階では心配しなくてもいいのですが，気になるなら，つぎの事情を知れば納得できるのではないかと思います．

　　公理 A「実数の任意の部分集合の確率が定義できる．」
　　公理 B「無限個の集合族においても各集合から，それぞれの要素
　　　　　への関数を考えてもよい．」

ということとはたがいに矛盾するため両立しないのです．公理 B は選択公理と呼ばれ，現代数学においては基本的な公理で，この公理を仮定して証明されている重要な定理はたくさんあります．そこで選択公理を仮定すると，実数の中に確率が定義できない集合がたく

> さんあることがわかるので，選択公理と矛盾せずに確率が定義できる集合を，あらかじめ設定するわけです．これがシグマ加法族という概念です．

章 末 問 題

【1】 表と裏が等確率で現れるコインと，表が 0.6 で，裏が 0.4 で現れるコインがある．二つのコインを一回ずつふって出る目の組を考えるためには，どのような確率空間を設定したらよいか．

【2】 つぎの確率密度関数を**コーシー分布** (Cauchy distribution) という．
$$p(x) = \frac{B}{1+x^2}$$
定数 B を求めよ．この分布の概形を描き，正規分布とどのように異なるのかを述べよ．また $P(\{0 \leqq x < 1\})$ を求めよ．

【3】 (a) つぎの一般化された確率密度関数を図示せよ．
$$p(x) = \frac{1}{2}\delta(x) + \frac{1}{4}(\delta(x+1) + \delta(x-1))$$
(b) つぎの一般化された確率密度関数
$$p(x) = \sum_{n=1}^{\infty} \frac{1}{2^n}\delta(x-n)$$
について確率 $P(\{0 < x < 10\})$ を求めよ．

【4】 大きさ $1\,000 \times 1\,000$ 画素で作られる画像を考えよう．簡単のため，各画素強度を表す情報が実数で与えられると考える．人間が見て自然な画像であると感じるものと，自然でない画像（雑音にしか見えない画像）があるが，自然な画像の作る確率分布とは，どのようなものであると思うか．そのような確率分布は世界中の誰も知らないが，空想してみよ．人間は，その確率分布を知らないが，しかし，自然な画像と雑音の画像を，おおよそ区別できる．なぜ，そのようなことができるのかを考えてみよ．

2 確率変数

確率的にばらつく変数のことを確率変数という。

確率空間が確率論の舞台なら，確率変数は確率論の主役である。本章では，確率変数の定義とその意味を述べる。

2.1 確率変数の定義と概念

1章で確率空間の定義を述べた。以下では，実数の上の確率空間を中心に考えるが，特に断らない限り，有限集合あるいは可算集合の上の確率空間の場合も，積分 $\int dx$ を $\sum$ に置き換えれば，同じように扱うことができる。

確率空間 $(\Omega, \mathcal{B}, P)$ を考える。

このとき集合 Ω からある集合 Ω^* への関数「$X : \Omega \to \Omega^*$」を Ω^* に値を取る**確率変数** (random variable) という。本書では，Ω^* として，有限集合，可算集合，実数全体の集合の場合を考える。

最初は奇妙なことに感じられるかもしれないが，確率空間の上の関数のことを確率変数と呼ぶのである。

例 2.1 実数の上の確率空間 $(\Omega, \mathcal{B}, P)$ を考える。確率測度 P としては，標準正規分布を確率密度関数として持つものを考える。このとき，Ω^* を実数全体として，Ω から Ω^* への関数

$$X(\omega) = \omega + \omega^2$$

は確率変数である。また

$$Y(\omega) = \begin{cases} 1 & (\omega \geq 0) \\ 0 & (\omega < 0) \end{cases}$$

も確率変数である．このとき $Y(\omega)$ が 1 になる確率は

$$P(\{\omega; Y(\omega) = 1\}) = P(\{\omega; \omega \geq 0\}) = \int_0^\infty p(\omega) d\omega = \frac{1}{2}$$

である．

以下，一般的な用語ではないが，確率変数の意味を説明するために，ω を確率変数への「入力」と呼び，$X(\omega)$ をその「出力」と呼ぶことにする．入力の集合 Ω において確率が定義できる集合の族 $\mathcal{B}$ があるように，出力の集合 Ω^* においても，確率が定義できる集合の族 $\mathcal{B}^*$ が用意されているとしよう．このとき，確率が定義できる集合 $B^* \in \mathcal{B}^*$ の X による引戻し

$$X^{-1}(B^*) = \{w \in \Omega; X(w) \in B^*\}$$

の確率が Ω においても定義されていないと，たいへん不便である．そこで，以後，確率変数 $X: \Omega \to \Omega^*$ は，任意の $B^* \in \mathcal{B}^*$ について

$$X^{-1}(B^*) \in \mathcal{B} \tag{2.1}$$

を満たすことを仮定しておく．式 (2.1) が成り立つような関数のことを**可測関数** (measurable function) という．すなわち，確率変数とは，確率空間の上に定義された可測関数のことである．

例 2.2 Ω の部分集合で，どんなものの確率が計算できて，どんなものの確率が計算できないのか，という問題は一般に高度な問題である．実数の中では，少なくてもボレル集合（開集合全体を含む最小のシグマ加法族）の要素については確率が計算できる．また，どんな関数が可測関数であるかという問題も本書の程度を超えている．連続関数や連続関数の和，積，極限操作によって与えられるような関数は可測になる．可測性を心配しなくてはならない場合として，例えば 2 変数の関数 $f(x,y)$ がそれぞれの変数について可測でも両変数についての可測関数にはならないことがある．

これらの問題は，本書を読み終えた後，ルベーグ積分論を習うときに，改めて出会うことになるであろう。

さて，確率空間が与えられたとき，その上に定義された可測関数を確率変数と呼ぶことにしたのであるが，なぜ関数が「確率的にばらつく変数」であるのだろうか。

それは，関数 X への入力を ω とし，出力を x として

$$x = X(\omega)$$

を考えるとき

「x が B^* に含まれる確率」＝「ω が $X^{-1}(B^*)$ に含まれる確率」

であるから，Ω^* 上の確率測度 P^* を

$$P^*(B^*) = P(X^{-1}(B^*))$$

によって定義する（右辺の値を持って左辺の P^* を定義する）と，出力 x がこの確率測度 P^* に従って確率的にばらつくものになるからである。つまり，確率変数は関数であるが，その関数の出力が確率的にばらつくので，関数の出力 x と関数 X とを同一視して（混同して），これを確率変数と呼ぶのである (図 **2.1**)。以上のようにして，確率空間 $(\Omega, \mathcal{B}, P)$ と確率変数 $X : \Omega \to \Omega^*$ が与えられたとき，確率測度 P^* を定義することにより，新しい確率空間

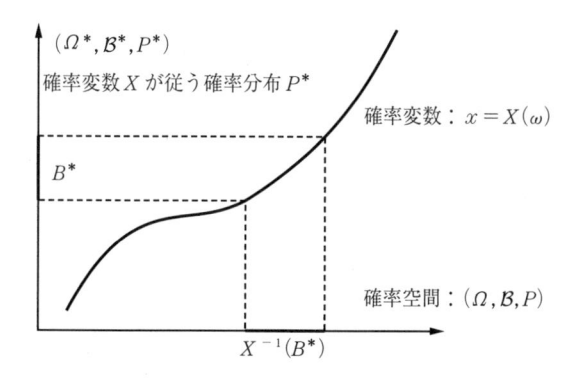

図 **2.1** 確 率 変 数

$(\Omega^*, \mathcal{B}^*, P^*)$

が構成される．このとき「確率変数 X は確率測度 P^* に従う」あるいは，「確率変数 X は法則 P^* に従う」という (図 **2.2**)．

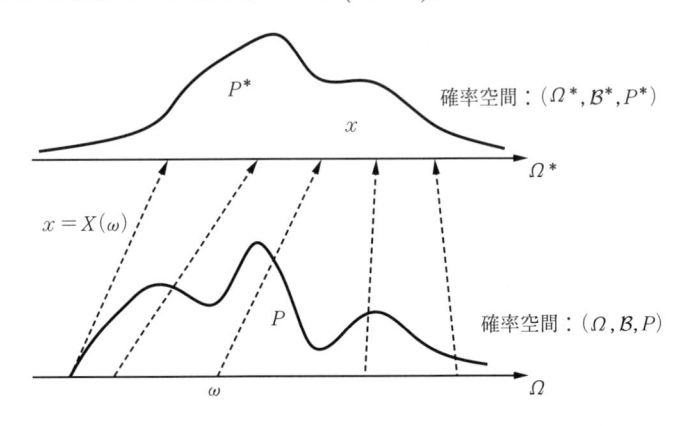

図 **2.2** 確率変数が従う確率分布

注意 2.1 出力である x の挙動を見ることだけが目的であるならば，基礎となる確率空間 $(\Omega, \mathcal{B}, P)$ を忘れてもよい．すなわち，新しい確率空間 $(\Omega^*, \mathcal{B}^*, P^*)$ さえ知っていれば十分である．このため，確率変数についての設定を述べるとき，もとの確率空間については明示的に表示せず，その確率変数が従う確率分布だけを述べる場合が多い．本書においても，基礎となる確率空間を明示する必要がないときには，確率変数 X と，X が従う確率分布 P^* だけを述べて

実数に値を取る確率変数 X が確率分布 P^* に従う

というようないい方をする．この場合，確率変数 X が関数であることは忘れていても構わないので $X(\omega)$ という表記ではなく X という表記を用いるのである．また，例えばある関数 $f(\cdot)$ について確率変数 $f(X)$ が 0 より大きくなる確率

$$P^*(\{x \in \Omega^*; f(x) > 0\}) = P(\{\omega \in \Omega; f(X(w)) > 0\})$$

のことを $P^*(f(X) > 0)$ と表記する．この標記は最初は考えにくいかもしれないが慣れると便利になるので，多くの確率論の本で使われている．

以上で，基礎となる確率空間の上に確率変数が与えられたとき，その確率

変数が従う確率分布が構成できた。つぎに元の確率空間の上の確率密度関数 $p(\omega)$ と新しい確率空間の上の確率密度関数 $p^*(x)$ の関係を調べてみよう。つぎの定理 2.1 が成り立つ。

定理 2.1

確率空間 $(\Omega, \mathcal{B}, P)$ から実数への確率変数 X が与えられたとする。確率測度 P が確率密度関数 $p(x)$ で表され，X が従う確率分布 P^* が確率密度関数 $p^*(x)$ で表されるとき，任意の可測な関数 $f(x)$ について

$$\int f(X(\omega))p(\omega)d\omega = \int f(x)p^*(x)dx$$

が成り立つ（どちらか一方の積分が有限なら，他方の積分も有限確定であって等しい値になる）。したがって

$$p^*(x) = \int \delta(x - X(\omega))p(\omega)d\omega$$

が成り立つ。

証明　この定理 2.1 は明白に見えるかもしれないが，きちんと示すには準備が必要であり，そのためには積分の意味も含めて説明しなくてはならない。そこで，ここでは，どのように証明されるかについての説明を行う。

確率密度関数 $p^*(x)$ の定義から，任意の $B^* \in \mathcal{B}^*$ について

$$\int_{X(\omega) \in B^*} p(\omega)d\omega = \int_{B^*} p^*(x)dx$$

が成り立つ。集合 B の定義関数 $I_B(x)$ を

$$I_B(x) = \begin{cases} 1 & (x \in B) \\ 0 & (\text{上記以外}) \end{cases}$$

と定義する。すると

$$f_n(x) = \sum_{i=1}^{n} a_i I_{B_i}(x)$$

という形の関数は

$$\int f_n(X(\omega))p(\omega)d\omega = \int f_n(x)p^*(x)dx$$

を満足する。一般に $f(x)$ が可測関数のときには x の各点で，単調に

$$\lim_{n\to\infty} f_n(x) = f(x)$$

となるものを構成できることが知られている。$f_n(x) \to f(x)$ において積分が有限確定値に収束することは，単調非減少関数列の積分の収束定理から証明される。 ♠

例 2.3 確率変数が与えられると，その確率変数が従う確率分布を導出することができる。同じ確率変数は，もちろん，同じ確率分布に従う。それでは，同じ確率分布に従うものは，同じ確率変数だろうか。これは，まったくそうではない。ここで

「確率変数として等しい」 $\neq$ 「同じ確率分布に従う」

ということを説明する。この例は重要なので理解できるまでよく読んでもらいたい。1,2,3,4,5,6 の目が平等に出るサイコロを記述するための確率空間 $(\Omega, \mathcal{B}, P)$ は，確率関数を p とすると

$\Omega = \{1, 2, 3, 4, 5, 6\}$

$\mathcal{B} = \Omega$ の部分集合全体

$p(1) = p(2) = \cdots = p(6) = \dfrac{1}{6}$

と表される。このとき確率変数 X を

$$X(\omega) = \begin{cases} 1 & (\omega \text{ が奇数}) \\ 0 & (\text{上記以外}) \end{cases}$$

と定義しよう。このとき，X が従う確率分布 P^* を表す確率関数を p^* と書くことにすれば

$\Omega^* = \{0, 1\}$

$\mathcal{B}^* = \Omega^*$ の部分集合全体

$p^*(0) = p^*(1) = \dfrac{1}{2}$

になる。また，確率変数 Y を

$$Y(\omega) = \begin{cases} 1 & (\omega \leq 3) \\ 0 & (\text{上記以外}) \end{cases}$$

と定義しよう．このとき，Y が従う確率分布 P^+ を表す確率関数を p^+ と書くことにすれば

$\Omega^* = \{0, 1\}$

$\mathcal{B}^* = \Omega^*$ の部分集合全体

$p^+(0) = p^+(1) = \dfrac{1}{2}$

になる．X と Y は確率変数としては異なり，同じ値を取らない場合があるが，同じ確率分布に従っている．このようなとき X と Y は同じ法則に従うという．まったく別の確率変数が同じ法則に従うことは珍しいことではない．

例 2.4 確率空間として，つぎのものを考える．実数全体の集合 $\boldsymbol{R}$，確率が計算できる集合の作る集合族 $\mathcal{B}$，および標準正規分布

$$p(\omega) = \dfrac{1}{\sqrt{2\pi}} \exp\left(-\dfrac{\omega^2}{2}\right)$$

によって定義される確率測度 P の 3 組である．二つの確率変数 Y_1 と Y_2 を

$$Y_1(\omega) = \omega, \quad Y_2(\omega) = -\omega$$

と定義すると，二つの確率変数は異なるが，どちらの確率変数も $p(\omega)$ に従う確率変数になる．また，確率変数として

$$X(\omega) = \omega^2$$

を考えよう．このとき，$(\Omega^*, \mathcal{B}^*, P^*)$ がどのようになるか考えてみよう．まず，Ω^* は非負の実数全体であり，$\mathcal{B}^*$ は Ω^* の中の確率が計算できる集合族である．確率変数 X が従う確率分布が確率密度関数 $p^*(x)$ で表されるとすると，任意の $a(>0)$ について

$$\int_0^{a^2} p^*(x)dx = \int_{-a}^{a} p(\omega)d\omega$$

が成り立つ．この等式を満たす $p^*(x)$ を見つければよい．両辺を a で微

分することにより

$$2p^*(a^2)a = p(a) + p(-a)$$
$$= \frac{2}{\sqrt{2\pi}} e^{-a^2/2}$$

これより, $[0, \infty)$ 上の確率密度関数 $p^*(x)$ は

$$p^*(x) = \sqrt{\frac{1}{2\pi x}} \exp\left(-\frac{x}{2}\right)$$

であることがわかる。この $p^*(x)$ を**カイ 2 乗 (χ^2) 分布** (chi square distribution) という。この名称は, 正規分布に従う確率変数の 2 乗で表される確率変数が従う確率分布だからであろう。

例 2.5 2 次元ユークリッド空間上の確率空間で確率分布として一様分布

$$p(x,y) = \begin{cases} 1 & (0 \leq x \leq 1, 0 \leq y \leq 1) \\ 0 & (上記以外) \end{cases}$$

で表されるものを考える。このとき関数

$$T(x,y) = x^2 y^2$$

は $[0,1]$ に値を取る確率変数である。T が従う確率密度関数を $p^*(t)$ とすると

$$p^*(t) = \int_0^1 dx \int_0^1 dy\, \delta(t - x^2 y^2)$$
$$= \frac{-\log t}{4t^{1/2}}$$

である。最後の等式は, つぎのようにして示すことができる。$p^*(t)$ のメリン変換を (z は複素数で $Re(z) > 0$ とする)

$$\zeta(z) = \int_0^1 dt\, t^z\, p^*(t)$$

と定義すると

$$\zeta(z) = \int_0^1 dx \int_0^1 dy\, x^{2z} y^{2z}$$
$$= \frac{1}{(2z+1)^2}$$

である。一方, $t = e^{-x}$ とおくことにより

$$\int_0^1 \frac{-\log t}{4t^{1/2}}\, t^z dt = \frac{1}{(2z+1)^2}$$
$$= \zeta(z)$$

である。メリン変換が逆変換を持つことが知られていることから目標が示された。

2.2 確率変数の関係

確率空間 $(\Omega, \mathcal{B}, P)$ と実数に値を取る二つの確率変数 X と Y が与えられた場合を考える。2次元ユークリッド空間 $\boldsymbol{R}^2$ を考え，その中の部分集合 A が与えられたとする。$(X, Y) \in A$ となる確率 $P(A)$ が

$$P(A) = \iint_A p(x, y) dx dy \tag{2.2}$$

となるような関数 $p(x, y)$ が存在するとき，$p(x, y)$ を**同時確率密度関数** (simultaneous probability density function) という。U を $\boldsymbol{R}$ の部分集合とするとき，$\boldsymbol{R}^2 = \boldsymbol{R} \times \boldsymbol{R}$ の部分集合

$$A = U \times (-\infty, \infty)$$

の中のいずれかの要素が起こる確率は

$$P(A) = \int_U dx \int_{-\infty}^{\infty} dy\, p(x, y)$$

である。これは，$X \in U$ となる確率に等しいから X の確率密度関数を $p(x)$ とするとき

$$\int_U p(x) dx = \int_U dx \int_{-\infty}^{\infty} dy\, p(x, y)$$

が成り立つ。したがって

$$p(x) = \int_{-\infty}^{\infty} p(x, y) dy \tag{2.3}$$

である。これを X の**周辺確率密度関数** (marginal probability density function) という (図 **2.3**)。また

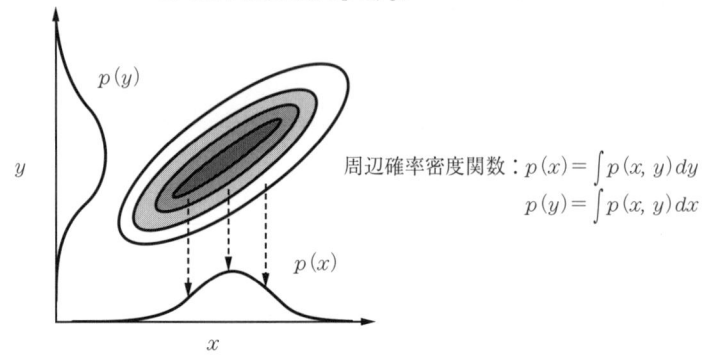

図 **2.3** 同時確率密度関数と周辺確率密度関数

$$p(y) = \int_{-\infty}^{\infty} p(x,y)dx \tag{2.4}$$

を Y の周辺確率密度関数という．3個以上の確率変数についても同様である．同時確率密度関数と周辺確率密度関数の例は，5章でも述べる．

2.3 独　立　性

二つの確率変数 X と Y について，その同時確率密度関数が

$$p(x,y) = p(x)p(y)$$

を満たすとき，X と Y は**独立** (independent) であるという．三つ以上の確率変数 $X_1, X_2, \cdots, X_n$ についても

$$p(x_1, x_2, \cdots, x_n) = p(x_1)p(x_2)\cdots p(x_n)$$

が成り立つとき独立であるという．5章の条件つき確率で述べるように，確率変数の独立性は「確率変数の一方を知っても他方についてなにもわからない」という意味を述べたものであり，線形代数で習うベクトルの1次独立性とはまったく違う概念であるので混同しないようにしよう．

例 2.6 6個の目が等確率で現れるサイコロをふる ($\Omega = \{1,2,3,4,5,6\}$)．

このとき確率変数 X, Y, Z をつぎのように決める。

$$X(\omega) = \omega/2$$

$$Y(\omega) = \omega \% 2$$

$$Z(\omega) = \omega/3$$

ここで $\omega/2$ は「ω を 2 で割ったときの値を超えない最大の整数」であり，$\omega \% 2$ は「ω を 2 で割ったときの余り」である。このとき，三つの確率変数の間の独立性を調べよ。

例 2.7 定数 a を $0 < a < 1$ を満たす定数とする。要素が 2 個の集合 $\Omega = \{0, 1\}$ 上に値を取る確率変数の列で，n 個の独立なもの $X_1, X_2, \cdots, X_n$ を考える。これらの確率変数の周辺確率密度関数は，みな等しく，つぎのものであるとする。

$$q(1) = a, \quad q(0) = 1 - q$$

このとき，独立性から同時確率関数 $p(\cdot)$ は

$$p(\omega_1, \omega_2, \cdots, \omega_n) = q(\omega_1) q(\omega_2) \cdots q(\omega_n)$$

になる。つぎに Ω^* を 0 以上 n 以下の整数全体の集合とする。

$$\Omega^* = \{0, 1, 2, \cdots, n\}$$

確率変数 X をつぎのように定義する。

$$X = X_1 + X_2 + \cdots + X_n$$

このとき，確率変数 X が従う確率関数 $p^*(\cdot)$ は

$$p^*(k) = P(\{X_1 + X_2 + \cdots + X_n = k\}) = {}_n\mathrm{C}_k \, a^k \, (1-a)^{n-k}$$

すなわち 2 項分布である。

例 2.8 実数に値を取る二つの独立な確率変数 X, Y を考える。X, Y がそれぞれ確率密度関数 $p(x), q(y)$ に従うものとする。このとき確率変数

$$Z = X + Y$$

が従う確率密度関数 $r(z)$ がどのようなものか考えてみよう。

$$P(Z \in A) = \int_{z \in A} r(z) dz = \iint_{x+y \in A} p(x) q(y) dx dy$$

が成り立つ。$x' = x + y$ とおいて変数変換すると
$$P(Z \in A) = \int_{x' \in A} dx' \int_{-\infty}^{\infty} dy\, p(x' - y)\, q(y)$$
となるから
$$r(z) = \int_{-\infty}^{\infty} p(z - y)\, q(y)\, dy$$
である。この式の右辺を，確率密度関数 $p(x)$ と $q(y)$ の**畳み込み** (convolution) という。独立な確率変数の和によって定義される確率変数の確率密度関数は畳み込みで表される。

2.4 確率変数の収束

確率空間 $(\Omega, \mathcal{B}, P)$ が与えられたとする。確率空間 $(\Omega, \mathcal{B}, P)$ 上の確率変数 X，および確率変数の列 $X_1, X_2, \cdots, X_n, \cdots$ が与えられたとき，確率変数の収束にはいくつかの定義がある。

(1) **概収束** (almost everywhere convergence) 「$X_n(\omega) \to X(\omega)$」が確率 1 で成り立つ。このことを
$$X_n(\omega) \to X(\omega) \quad \text{(a.s.)}$$
と表現する。

(2) **p 次平均収束** (convergence in the mean of the order p) $p(> 1)$ を定数とする。ある $p(> 0)$ について
$$\int |X_n(\omega) - X(\omega)|^p p(\omega) d\omega \to 0$$
が成り立つ。このことを
$$E\left(|X_n - X|^p\right) \to 0$$
と表記する（ここで E は平均を取る操作を表している）。

(3) **確率収束** (convergence in probability) $A_\varepsilon = \{\omega; |X_n(\omega) - X(\omega)| > \varepsilon\}$ とするとき，任意の $\varepsilon(> 0)$ について $n \to \infty$ のとき $P(A_\varepsilon) \to 0$ が

成り立つ。このことを

$$(\forall \varepsilon > 0) \quad P(|X_n - X| > \varepsilon) \to 0$$

と書く。

(4) **法則収束** (convergence in law, weak convergence)　　任意の連続有界関数 $f(x)$ について，$n \to \infty$ のとき

$$\int f(X_n(\omega))p(\omega)d\omega \to \int f(X(\omega))p(\omega)d\omega$$

が成り立つ。このことを

$$E(f(X_n)) \to E(f(X))$$

と書く。

本書では証明しないが，以下のことは一般的に成り立つことが知られている。

(1) 概収束すれば確率収束する。

(2) 平均収束すれば確率収束する。

(3) 確率収束すれば法則収束する。

これらの逆は，一般には成り立たない。なお，上記の定義では，法則収束は同じ確率空間上に定義されている確率変数についての記述であるが，6章で述べる中心極限定理のように，法則収束は，同じ確率空間上に定義されていなくても定義することができ，応用上，その場合も有用である。

質問 2.1　　確率空間の上の関数として確率変数を定義しても，結局，その確率変数が従う確率空間ができます。なぜ，わざわざ，こんなまわりくどいことをするのですか。

答え 2.1　　1個の確率変数 X だけを考えたいのなら，最初から $(\Omega^*, \mathcal{B}^*, P^*)$ だけを用意すれば十分であり，確率空間 $(\Omega, \mathcal{B}, P)$ は忘れてしまってもかまいません。本書においても，1個の確率変数だけを考えたいときには，「確率変数 X は確率分布 P^* に従う」といういい方をします。なぜ，このようなまわりくどいことをするのかというと，2個以上の確率変数を考えたいときには，それでは困るからです。二つ以上の確率変数の関係を調べたいときには，それぞれの確率変数が従う確率測度がわかっても，二つの確率変数がどのように関係

質問 2.2　確率変数のことが，場合によっては $X(\omega)$ と書いてあり，また違うときには X と書いてあったりするので，同じものか違うものなのかよくわからずに困っています。

答え 2.2　この 2 重の表記に慣れることは，おそらく確率論に慣れることに対応しているようです．どちらも，同じ確率変数を表すものなのですが，確率分布だけを示せば十分な場合には，確率変数 X と書き，その確率分布 P^* だけを述べて議論するのに対して，基礎となる確率空間が必要になるとき（確率変数としての収束を議論したいときなど）には，確率空間 $(\Omega, \mathcal{B}, P)$ の上の可測な関数 $X(\omega)$ と書いて議論します．

章 末 問 題

【1】 区間 $[0,1]$ 上の一様分布に従う確率変数 X を考える（一様分布については例 1.7 を参照）．ある確率密度関数 $p(x)$ が与えられたとき，累積分布関数を
$$F(a) = \int_{-\infty}^{a} p(x)dx$$
とする．この関数が逆関数 $x = F^{-1}(y)$ を持つとき，確率変数 Y を $Y = F^{-1}(X)$ と定義する．Y が確率密度関数 $p(x)$ に従うことを示せ．

【2】 つぎの確率密度関数を考える．
$$p(x) = \frac{A}{e^x + e^{-x}}$$
(a) 定数 A を求めよ．
(b) 累積分布関数を求めよ．
(c) $[0,1]$ 上の一様分布に従う確率変数 X があったとき，$p(x)$ に従う確率変数を作るにはどうしたらよいか．

【3】 確率変数 X, Y が独立で，$[0,1]$ 上の一様分布に従う確率変数であるとする．このとき
$$Z = \sqrt{-2\log X} \cos(2\pi Y)$$
$$W = \sqrt{-2\log X} \sin(2\pi Y)$$
とすると，Z, W は独立であり，それぞれ標準正規分布に従うことを示せ．

【4】 区間 $[0,1]$ 上の確率空間 $(\Omega, \mathcal{B}, P)$ を考える．P は一様分布である．関数 $f_{n,k}(x)$ をつぎのように定める．
$$f_{n,k}(x) = \begin{cases} 1 & (k-1)/n < x < k/n \\ 0 & (\text{上記以外}) \end{cases}$$
また確率変数の列 $\{X_m\}$ をつぎのように定める．
$$X_1(\omega) = f_{1,1}(\omega),$$
$$X_2(\omega) = f_{2,1}(\omega), \ X_3(\omega) = f_{2,2}(\omega),$$
$$X_4(\omega) = f_{3,1}(\omega), \ X_5(\omega) = q_{3,2}(\omega), \ X_6(\omega) = f_{3,3}(\omega),$$
$$\cdots$$

このとき，つぎの問いに答えよ．
(a) $\{X_m\}$ が $X=0$ に確率収束することを示せ．
(b) $\{X_m\}$ は概収束しないことを示せ．
(c) $\{X_m\}$ から概収束する部分列を取り出せることを示せ．

3 平均と分散

確率変数 X を特徴づける最も基本的な量として平均値と分散がある．本章では，その定義と意味とを述べる．

3.1 平均と分散の定義

実数に値を取る確率変数 X が確率密度関数 $p(x)$ によって表される確率分布に従うとする．このとき可測な関数 f が与えられると，$f(X)$ も確率変数になるが，その **平均値** (average) を

$$E(f(X)) = \int_{-\infty}^{\infty} f(x)p(x)dx$$

と定義する．もしも，この積分が有限の値でないときには，$f(X)$ の平均値は定義されない．平均値のことを **平均** あるいは **期待値** (expectation value) ともいう．平均値を $m = E(f(X))$ と書くとき，$f(X)$ の **分散** (variance) を

$$V(f(X)) = \int_{-\infty}^{\infty} (f(x) - m)^2 p(x)dx$$

と定義する．もしも，この積分が有限の値でないときには，分散は定義されない．また，$\sqrt{V(f(X))}$ を **標準偏差** (standard deviation) という．$V(f(X))$ の定義式の 2 乗を展開して，平均の定義を用いることにより

$$V(f(X)) = E(f(X)^2) - E(f(X))^2$$

であることがわかる．

注意 3.1 確率変数 X と実数 a について 2 乗誤差を

3.1 平均と分散の定義

$$f(a) = E((X-a)^2) = \int_{-\infty}^{\infty} (x-a)^2 p(x) dx$$

とおくとき，$f(a)$ は $a = E(X)$ のとき，最小値 $V(X)$ を取る。

例 3.1 1 から n までの目が等しい確率で現れるサイコロをふる。確率変数 X は $\{1, 2, \cdots, n\}$ 上の一様分布（すべての要素が等確率 $1/n$ で実現される分布）に従う。X の平均は

$$E(X) = \sum_{i=1}^{n} \frac{i}{n} = \frac{n(n+1)}{2n} = \frac{n+1}{2}$$

であり，分散は

$$V(X) = E(X^2) - E(X)^2 = \sum_{i=1}^{n} \frac{i^2}{n} - \frac{(n+1)^2}{4}$$

$$= \frac{n(n+1)(2n+1)}{6n} - \frac{(n+1)^2}{4} = \frac{n^2-1}{12}$$

である。

例 3.2 例 1.4 で述べた 2 項分布 $p(r)$ に従う確率変数 X を考える。t を正の実数として

$$E(t^X) = \sum_{r=0}^{n} p(r) t^r = (tp + (1-p))^n$$

が成り立つので，これを t について 1 回，2 回微分してから $t = 1$ とおくことにより

$$E(X) = \sum_{r=0}^{n} r p(r) = np \tag{3.1}$$

$$E(X(X-1)) = \sum_{r=0}^{n} r(r-1) p(r) = n(n-1) p^2 \tag{3.2}$$

が成り立つ。分散は

$$V(X) = E(X^2) - E(X)^2 = E(X(X-1)) + E(X) - E(X)^2$$

$$= n(n-1)p^2 - np - n^2 p^2 = np(1-p)$$

である。

例 3.3 実数に値を取る確率変数 X が確率密度関数 $p(x)$ によって表され

る確率分布に従うとする。X の平均 $m = E(X)$ と分散 $v = V(X)$ が有限確定値であるとき，確率変数

$$Y = aX + b$$

の平均は $am + b$，分散は $a^2 v$ である。実際

$$\begin{aligned} E(Y) &= \int_{-\infty}^{\infty} (ax + b) p(x) dx \\ &= aE(X) + b \end{aligned}$$

であり，また

$$\begin{aligned} V(Y) &= \int_{-\infty}^{\infty} (ax + b - am - b)^2 p(x) dx \\ &= a^2 V(X) \end{aligned}$$

が成り立つ。特に

$$Z = \frac{X - E(X)}{\sqrt{V(X)}}$$

とおくと Z は平均が 0 で，分散が 1 の確率変数になる。

例 3.4 平均値と期待値は数学的には同じものであるが，言葉の感じは少し違っている。平均値は，試験や 100m 走などで自分の成績が全体の中でどの程度なのかの目安にしたい場合の基準として使うとき用いる言葉であるのに対して，期待値は，賭け事などにおいて，賞金がどのくらいになるかを知りたい場合に使う言葉であるようだ。ここでは前者の意味で平均がよい目安かどうかを考えてみよう。非負の実数に値を取る確率変数 X がつぎの確率密度関数に従うものとする。

$$p(x) = \lambda\, e^{-\lambda x} \quad (x \geq 0)$$

ただし $\lambda > 0$ とする。この確率変数の平均は

$$E(X) = \int_0^{\infty} x \lambda e^{-\lambda x} dx = \frac{1}{\lambda}$$

である。平均値以下の値が起こる確率は

$$P\left(X \in \left[0, \frac{1}{\lambda}\right] \right) = \int_0^{1/\lambda} \lambda e^{-\lambda x}\, dx = \frac{e - 1}{e} = 0.632$$

であり，かなり高い頻度で平均以下の値が出ることになる。ところで，確

率分布の**メディアン** (median) M は，その点の両側の確率が $1/2$ ずつになる点として定義される。すなわち

$$\int_M^\infty p(x)dx = \frac{1}{2}$$

を満たす M がメディアンである。これを満たす M は

$$M = \frac{\log 2}{\lambda}$$
$$= \frac{0.693}{\lambda}$$

である。平均のまわりに，ほぼ対称的な確率密度関数の場合には，平均値とメディアンはおおよそ等しいが，この分布のように平均値の左右で形が異なるときには平均値とメディアンは異なる。全体の中での位置の目安にしたいときにはメディアンのほうがふさわしいこともある。

例 3.5 $\beta(>0)$ を定数とする。自然科学や情報学の応用において，ある関数 $f(x)$ が与えられたとき，実数上の確率密度関数

$$p(x) = \frac{1}{Z(\beta)} e^{-\beta f(x)}$$

に従う確率変数 X がしばしば登場する。

$$Z(\beta) = \int e^{-\beta f(x)} dx$$

は，$p(x)$ の積分が 1 になるための定数であるが，じつは確率変数 X について非常に多くの情報を持っている。実際

$$F(\beta) = -\log Z(\beta)$$

とおくと，平均と分散についてつぎの恒等式が成り立つ。

$$E(f(X)) = \left.\frac{dF}{d\beta}\right|_{\beta=0}$$
$$V(f(X)) = -\left.\frac{d^2 F}{d\beta^2}\right|_{\beta=0}$$

分散が非負であることから $F(\beta)$ が上に凸の関数であることがわかる。

3.2 チェビシェフの不等式

確率分布が与えられると平均と分散が定義されるが，平均と分散は確率分布の情報をどの程度持っているのだろうか．平均と分散が与えられたとき，確率分布が満たすべき条件として，つぎの**チェビシェフの不等式** (Chebyshev's inequality) がある．

定理 3.1

確率変数 X が平均 m と分散 σ^2 を持つとする．このとき，任意の $t\,(>0)$ について

$$P(|X-m| \geq t\sigma) \leq \frac{1}{t^2}$$

が成り立つ．ここで $P(命題)$ は，命題が成り立つ確率を表している．

証明 この不等式は，分散の定義式を思い出すと，自動的に導くことができる．

$$\begin{aligned}\sigma^2 &= \int (x-m)^2 p(x) dx \\ &\geq \int_{|x-m|\geq t\sigma} (x-m)^2 p(x) dx \\ &\geq \int_{|x-m|\geq t\sigma} t^2 \sigma^2 p(x) dx \\ &= t^2 \sigma^2 P(|X-m| \geq t\sigma)\end{aligned}$$

となる．両辺を $\sigma^2 t^2$ で割ると目的の不等式が得られる． ♠

注意 3.2 定理 3.1 から，余事象（補集合）を考えることによって

$$P(|X-m| < t\sigma) \leq 1 - \frac{1}{t^2}$$

が導かれる．この式は「確率変数 X が

$$m - t\sigma < X < m + t\sigma$$

を満たす確率が $1 - 1/t^2$ 以上である」ことを述べている（図 *3.1*）．平均と分散が与えられると，確率分布の形がわからなくても，確率変数について，少な

3.2 チェビシェフの不等式 43

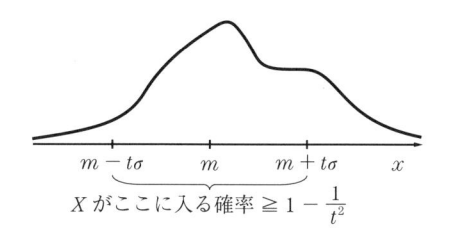

Xがここに入る確率 $\geqq 1 - \dfrac{1}{t^2}$

図 3.1 チェビシェフの不等式

くてもこれだけの情報が得られるのである。チェビシェフの不等式は，特に理論の構築においてしばしばたいへんに有用で，「確率変数が平均値からはるかに遠く離れてしまうことは，非常に小さい確率でしか起こらない」ことを示したいときに用いられる。

例 3.6 チェビシェフの不等式はそれ自体広い応用を持つが，証明法もよく応用される。例えば，確率密度関数 $p(x)$ に従う確率変数 X とある関数 $f(x)\,(\geqq 0)$ について

$$m = \int f(x)p(x)dx$$

が有限であったとしよう。このとき任意の t について

$$\begin{aligned}m &= \int f(x)p(x)dx \\ &\geqq \int_{f(x)\geqq tm} f(x)p(x)dx \\ &\geqq \int_{f(x)\geqq tm} tm\,p(x)dx = tmP(f(X) \geqq tm)\end{aligned}$$

が成り立つので，$t\,(>0)$ について

$$P(f(X) \geqq tm) \leqq \frac{1}{t}$$

という不等式が得られる。これを**マルコフの不等式** (Markov's inequality) という。

3.3 イェンセンの不等式

実数の中のある区間 (a,b) 上の関数 $f(x)$ が上に凸であるということを，任意の $x,y \in (a,b)$ と任意の $0 \leqq \alpha \leqq 1$ について

$$f(\alpha x + (1-\alpha)y) \geqq \alpha f(x) + (1-\alpha)f(y)$$

が成り立つことと定義する．これは，$f(x)$ が微分 $f'(x)$ を持つときには，$f'(x)$ が単調非増加であることと同値である．また，$f(x)$ が連続であるとき，$x < y$ のとき

$$\frac{f(x) - f(y)}{x - y}$$

が x について単調非増加であることと同値である．上に凸な関数の平均について，情報学においてきわめて重要な役割りを果たす不等式が**イェンセンの不等式** (Jensen's inequality) である．

定理 3.2

連続な関数 $f(x)$ が上に凸であるとする．このとき

$$E(f(X)) \leqq f(E(X))$$

が成り立つ．ただし，上記の積分は左辺，右辺とも存在する場合を考える．

証明 ここで述べる証明法のほかにもいくつか証明法があるが，証明の図（図 **3.2**）を見ておくと思い出しやすいと思う．仮定より，$E(X)$ は有限確定値である．$m = E(X)$ とおく．このとき

$$\lim_{x \to m+0} \frac{f(x) - f(m)}{x - m} \leqq \lim_{x \to m-0} \frac{f(x) - f(m)}{x - m}$$

が成り立つ（極限は，どちらも単調かつ有界なので存在し，この不等式が成り立たないときには上に凸であることと矛盾する）．そこで，実数 a を

$$\lim_{x \to m+0} \frac{f(x) - f(m)}{x - m} \leqq a \leqq \lim_{x \to m-0} \frac{f(x) - f(m)}{x - m}$$

を満たすように選べば，$f(x)$ が上に凸であることより，すべての x について

$$f(x) \leqq a(x - m) + f(m)$$

3.3 イェンセンの不等式

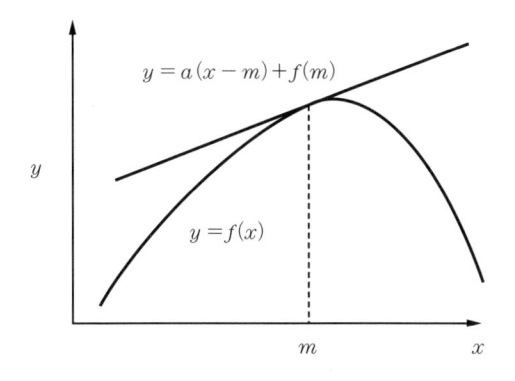

図 3.2 イェンセンの不等式

が成り立つ。これより両辺の平均値を取ると定理の主張が得られる。 ♠

例 3.7 情報学において，イェンセンの不等式が現れるのは多くの場合，$f(x) = e^x$ か $f(x) = \log x$ のときである。e^x は下に凸なので，$-e^x$ が上に凸になる。そこで，定理 3.2 とは反対向きの不等式が成り立つ。

$$E(e^X) \geqq e^{E(X)}$$

一方，$\log x$ は上に凸なので

$$E(\log X) \leqq \log E(X)$$

また可測関数 $g(x)$ を任意に与えても，$g(X)$ は確率変数であるから

$$E(e^{g(x)}) \geqq e^{E(g(X))}, \quad E(\log g(X)) \leqq \log E(g(X))$$

が成り立つ。これよりさらに

$$\log E(e^{g(X)}) \geqq E(g(X))$$

が成り立つ。例えば $X_1, \cdots, X_n$ が独立で X と同じ確率分布に従う確率変数とするとき任意の可測関数 $f(x) \, (> 0)$ について

$$E\left(\prod_{i=1}^n f(X_i)\right) = E\left(\exp\left(\sum_{i=1}^n \log f(X_i)\right)\right)$$
$$\geqq \exp(nE(\log f(X)))$$

が成り立つ。

質問 3.1 平均や分散は，積分の計算を行うだけの平凡なものですが，積分計算をしてなにが面白いのでしょうか。

答え 3.1 確かに平均や分散は積分を行うだけのものですが，つぎのように不思議な力を持っています。第一に，6章の中心極限定理で述べるように，独立な確率変数の和が作る確率分布は平均と分散だけで特徴づけられるものに収束していきます。したがって，平均や分散は，確率分布を特徴づけるとても重要な情報を表していることがわかります。第二に，本書では述べることはできませんが，情報の符号化に用いられるアルゴリズムのよさは，符号長の平均値で測ることができます。また情報の予測に用いられるアルゴリズムのよさは，予測誤差の平均値で測ることができます。すなわち，情報システムやアルゴリズムの評価や設計は平均値や分散を用いて行われることが多く，そこでは平均値とそこからのゆらぎを求めることがきわめて重要な課題になります。情報理論や学習理論とは，まさしくそのような理論にほかなりません。いまは平凡に見える平均値や分散ですが，読者の学問の進展とともにその深い意味が少しずつ明らかになるものと思います。

章 末 問 題

【1】 二つの確率変数 X と Y について
$$V(X+Y) = V(X) + V(Y) + 2E(XY) - 2E(X)E(Y)$$
が成り立つことを示せ。また，この式を3個の確率変数の場合に一般化せよ。

【2】 ある確率変数 X の平均が10で分散が4であるという。チェビシェフの不等式を使って，「確率 0.9 以上で X が入る区間」を求めよ。

【3】 確率変数 X が有限な積分値 $E(|X|^p)$ を持つとする $(p > 0)$。このとき，つぎの問いに答えよ。
 (a) 不等式 $P(|X| > \varepsilon) \leq E(|X|^p)/\varepsilon^p$ を示せ。
 (b) 確率変数の列 $\{X_n\}$ が X に p 次平均収束するとき，すなわち
$$\lim_{n \to \infty} E(|X_n - X|^p) = 0$$
 のとき，$\{X_n\}$ が X に確率収束することを示せ。

【4】 二つの確率変数 X, Y について，X についての平均を取る操作を E_X で表し，Y について平均を取る操作を E_Y で表すことにする。任意の可測関数

$f(x,y)$ についてつぎの不等式が成り立つことを示せ。
$$E_X(-\log E_Y(e^{f(X,Y)})) \leq -\log E_Y(e^{E_X(f(X,Y))})$$
ただし左辺も右辺も積分が存在すると仮定する。

4 特性関数

確率密度関数のフーリエ変換を特性関数という。特性関数は，確率的な現象の解析においてたいへん強力であり，しばしば決定的な役割りを果たす。

4.1 特性関数の定義

実数に値を取る確率変数 X が確率密度関数 $p(x)$ の確率分布に従うとする。このとき実数 t の関数
$$\varphi(t) = E(e^{itX}) = \int_{-\infty}^{\infty} e^{itx} p(x) dx$$
を X の**特性関数** (characteristic function) という。ここで $i = \sqrt{-1}$ であり
$$e^{itx} = \cos x + i \sin x$$
である。同じ確率密度関数を持つ確率変数の特性関数は同じになるので，確率密度関数 $p(x)$ の特性関数と呼ぶ場合もある。X の平均や分散は密度関数 $p(x)$ によっては存在しない場合があるが，特性関数は，どんな確率密度関数に対しても必ず存在する。これは，$|e^{itx}| = 1$ より，上記の積分 $\int dx$ における無限操作が必ず収束するからである。特に，任意の t について
$$|\varphi(t)| \leq \int p(x) dx = 1$$
が成り立つ。また定義より
$$\varphi(0) = 1$$
である。特性関数の定義から，二つの確率変数 X と Y は，確率変数としては等しくなくても，同じ確率分布に従うときには，同じ特性関数を持つことがわかる。

4.1 特性関数の定義

例 4.1 区間 $[-1, 1]$ 上の一様分布

$$p(x) = \begin{cases} \dfrac{1}{2} & (|x| \leq 1) \\ 0 & (|x| > 1) \end{cases}$$

の特性関数は

$$\varphi(t) = \frac{1}{2}\int_{-1}^{1} e^{itx} dx = \left[\frac{1}{2it}e^{itx}\right]_{-1}^{1}$$
$$= \frac{\sin t}{t}$$

である。ただし $t = 0$ のときは $\varphi(0) = 1$ とする。

例 4.2 平均が 0 で，分散が σ^2 の正規分布

$$p(x) = \frac{1}{\sqrt{2\pi\sigma^2}} \exp\left(-\frac{x^2}{2\sigma^2}\right)$$

の特性関数は

$$\varphi(t) = \frac{1}{\sqrt{2\pi\sigma^2}} \int \exp\left(-\frac{x^2}{2\sigma^2} + itx\right) dx$$
$$= \frac{1}{\sqrt{2\pi\sigma^2}} \int \exp\left(-\frac{(x - it\sigma^2)^2}{2\sigma^2} - \frac{t^2\sigma^2}{2}\right) dx$$
$$= \exp\left(-\frac{\sigma^2 t^2}{2}\right)$$

である。

例 4.3 特性関数は一般化された確率密度関数に対しても存在する。

$$p(x) = \frac{1}{3}\delta(x+1) + \frac{2}{3}\delta(x-2)$$

の特性関数は

$$\varphi(t) = \int_{-\infty}^{\infty} e^{itx} p(x) dx = \frac{1}{3}e^{-it} + \frac{2}{3}e^{2it}$$

である。

例 4.4 確率変数 X の特性関数を $\varphi(t)$ とするとき，確率変数 $aX+b$ の確率密度関数は $(1/a)p\{(x-b)/a\}$ であり，特性関数 $\psi(t)$ は $y = (x-b)/a$

と変数変換することにより
$$\psi(t) = \int e^{itx} \frac{1}{a} p\left(\frac{x-b}{a}\right) dx$$
$$= \int e^{it(ay+b)} p(y) dy$$
$$= \varphi(at) e^{itb}$$
であることがわかる。

一般の関数 $f(x)$ についてその**フーリエ変換** (Fourier transform) $\mathcal{F}$ を
$$(\mathcal{F}f)(t) = \int_{-\infty}^{\infty} e^{itx} f(x) dx$$
と定義する。また逆フーリエ変換 $\mathcal{F}^{-1}$ を
$$(\mathcal{F}^{-1}f)(x) = \lim_{a \to \infty} \frac{1}{2\pi} \int_{-a}^{a} e^{-itx} f(t) dt$$
と定義する。特性関数は確率密度関数のフーリエ変換である。

関数 $f(x)$ がよい性質を満たすときには
$$(\mathcal{F}^{-1}(\mathcal{F}f))(x) = f(x) \quad (\forall x)$$
が成り立つ。例えばつぎの条件を考える。

条件 関数 $f(x)$ が，微分 $f'(x)$ を持ち，$f(x), f'(x)$ ともに連続で
$$\int_{-\infty}^{\infty} |f(x)| dx < \infty, \quad \int_{-\infty}^{\infty} |f'(x)| dx < \infty \tag{4.1}$$
を満たすとする。

定理 4.1

関数 $f(x)$ が式 (4.1) の条件を満たすとする。このとき
$$f(0) = \lim_{a \to \infty} \frac{1}{2\pi} \int_{-a}^{a} dt \int_{-\infty}^{\infty} dx \, e^{itx} f(x) \tag{4.2}$$
が成り立つ。このことをデルタ関数で表現すれば，つぎのようになる。
$$\delta(x) = \lim_{a \to \infty} \frac{1}{2\pi} \int_{-a}^{a} dt \, e^{itx}$$

4.1 特性関数の定義

証明 この定理 4.1 は，もっと一般化されたものをフーリエ解析において習うことになるので，初めて確率論を習う読者はこの証明をスキップしてもよい。しかしながら，定理 4.1 は，特性関数の性質を述べるときに用いるので，定理が成り立つ理由を知りたい読者のために証明を述べる。

$$F(a) = \frac{1}{2\pi}\int_{-a}^{a} dt \int_{-\infty}^{\infty} dx\, e^{itx} f(x) = \frac{1}{\pi}\int_{-\infty}^{\infty} \frac{\sin ax}{x} f(x)dx$$

と定義する。式 (4.2) の右辺は $\lim_{a\to\infty} F(a)$ である。$F(a)$ をつぎの三つの積分の和にする（$\varepsilon > 0$ とする）。

$$F_1(a,\varepsilon) = \int_{|x|<\varepsilon} \frac{\sin ax}{\pi x} f(0) dx$$

$$F_2(a,\varepsilon) = \int_{|x|<\varepsilon} \sin ax \, \frac{f(x)-f(0)}{\pi x} dx$$

$$F_3(a,\varepsilon) = \int_{|x|\geq\varepsilon} \sin ax \, \frac{f(x)}{\pi x} dx$$

すると定義から

$$F(a) = F_1(a,\varepsilon) + F_2(a,\varepsilon) + F_3(a,\varepsilon)$$

が成り立つ。3 個のそれぞれについて評価しよう。まず第一に $F_1(a,\varepsilon)$ については，$y = ax$ の変数変換により

$$F_1(a,\varepsilon) = \frac{2f(0)}{\pi}\int_0^{a\varepsilon} \frac{\sin y}{y} dy$$

この値は，定理 4.1 のつぎに述べる公式 (4.3) により ε を固定して a が大きくなるとき $f(0)$ に近づく。第二に $F_2(a,\varepsilon)$ について，$f'(x)$ が連続だから $(f(x)-f(0))/(\pi x)$ も連続関数である。その $|x| \leq \varepsilon$ における最大値を M とすると a に依存せずに

$$|F_2(a,\varepsilon)| \leq 2M\varepsilon$$

が成り立つ。第三に $F_3(a,\varepsilon)$ について，$|x| \geq \varepsilon$ において $g(x) = f(x)/(\pi x)$ とおくと，$|g(x)|$ も $|g'(x)|$ も積分可能である（特に $g(-\infty) = g(\infty) = 0$）。部分積分を用いると不定積分

$$\int \sin ax \, g(x) dx = \frac{-\cos ax}{a} g(x) + \int \frac{\cos ax}{a} g'(x) dx$$

が成り立つので

$$|F_3(a,\varepsilon)| \leq \frac{|g(-\varepsilon)| + |g(\varepsilon)|}{a} + \frac{1}{a}\int_{|x|\geq\varepsilon} |g'(x)| dx$$

が得られる。この式の右辺は，固定した ε に対して a を大きく取ればいくらでも小さくできる。以上の三つのことから，任意の $\delta(>0)$ に対して $\varepsilon(>0)$ を十分小さく取り，つぎにその $\delta(>0)$ と $\varepsilon(>0)$ に対して a を大きく取ると

$$|F(a) - f(0)| < \delta$$

とできることが証明できた。

この証明の中で利用された定積分はつぎの定理 4.2 である。

定理 4.2

$$\int_0^\infty \frac{\sin ax}{x}dx = \frac{\pi}{2} \tag{4.3}$$

(ただし $a > 0$。積分値は a に依存しない)

証明 式 (4.3) の左辺を A とおく。$ax = x'$ とおくと

$$A = \int_0^\infty \frac{\sin x'}{x'}dx'$$

である。したがって積分は a に依存しないので，この値を求める。複素数 z の虚数部分を $\mathrm{Im}(z)$ と書く。つまり $z = \alpha + i\beta$ のとき $\mathrm{Im}(z) = \beta$ とする。

$$\begin{aligned}
A &= \lim_{r\to\infty}\int_0^r dx' \sin x' \int_0^\infty dy\, e^{-yx} \\
&= \lim_{r\to\infty}\int_0^\infty dy \int_0^r dx' \,\mathrm{Im}(e^{-yx'+ix'}) \\
&= \lim_{r\to\infty}\int_0^\infty dy\, \mathrm{Im}\left(\frac{1-e^{-ry+ir}}{y-i}\right) \\
&= \int_0^\infty \frac{dy}{1+y^2} = \frac{\pi}{2}
\end{aligned}$$

特性関数 $\varphi(t)$ は，確率密度関数 $p(x)$ と実質的に同等の情報を持っていると考えてよい。確率密度関数から特性関数が計算できるが，特性関数から確率密度関数が復元される。

定理 4.3

確率変数 X が確率密度関数 $p(x)$ に従うとする。$p(x)$ が式 (4.1) で与えられる条件を満たすとする。X の特性関数を $\varphi(t)$ とするとき

$$p(x) = \frac{1}{2\pi}\lim_{a\to\infty}\int_{-a}^a e^{-itx}\varphi(t)dt \tag{4.4}$$

が成り立つ。

4.1 特性関数の定義

証明

$$F_a(x) = \frac{1}{2\pi} \int_{-a}^{a} e^{-itx} \varphi(t) dt$$

と定義する。特性関数の定義を代入すると

$$\begin{aligned}
F_a(x) &= \frac{1}{2\pi} \int_{-a}^{a} dt \int_{-\infty}^{\infty} dy\, e^{-itx} \exp(ity)\, p(y) \\
&= \frac{1}{2\pi} \int_{-\infty}^{\infty} dy \int_{-a}^{a} dt\, e^{it(y-x)}\, p(y)\, dy \\
&= \frac{1}{2\pi} \int_{-\infty}^{\infty} dy \int_{-a}^{a} dt\, e^{ity}\, p(y+x)\, dy
\end{aligned}$$

ここで仮定から $p(x+y)$ は定理 4.1 の仮定を満たす。そこで定理 4.1 から

$$\lim_{a \to \infty} F_a(x) = p(x)$$

これより定理 4.3 が得られた。　　　　　　　　　　　　　　　　　　♠

注意 4.1 確率密度関数 $p(x)$ が定理 4.3 の仮定を満たすときには，$p(x)$ のフーリエ変換の逆フーリエ変換は，すべての点 x において $p(x)$ に戻る。つまり

$$(\mathcal{F}^{-1}(\mathcal{F}p))(x) = p(x) \quad (\forall x)$$

が成り立つ。定理 4.3 の仮定を満たさない場合でも，例えば $p(x)$ が連続でなくても，$p(x)$ の右側極限 $p(x+0)$ と，左側極限 $p(x-0)$ が存在するときには

$$(\mathcal{F}^{-1}(\mathcal{F}p))(x) = \frac{f(x+0) + f(x-0)}{2}$$

が成り立つことが知られている。$p(x)$ が一般化された確率密度関数であるときにも，フーリエ変換や逆フーリエ変換を一般化された関数に対するものに拡張することにより，デルタ関数のような関数も復元されることを示すことができる。

定理 4.4

実数に値を取る確率変数 X_1, X_2 が，それぞれ確率密度関数 $p_1(x)$, $p_2(x)$ に従うとし，それぞれの特性関数を $\varphi_1(t)$, $\varphi_2(t)$ とする。また $f(x) \equiv p_1(x) p_2(x)$ が式 (4.1) で与えられる条件を満たすとする。この

とき
$$\int_{-\infty}^{\infty} p_1(x)p_2(x)dx = \lim_{a\to\infty} \frac{1}{2\pi} \int_{-a}^{a} \varphi_1(t)\overline{\varphi_2(t)}dt$$
が成り立つ。ここで $\overline{\varphi_2(t)}$ は $\varphi_2(t)$ の複素共役（虚数部の符号を反転したもの）を表す。

|証明|

$$F_a(t) = \frac{1}{2\pi} \int_{-a}^{a} \varphi_1(t)\overline{\varphi_2(t)}dt$$
$$= \frac{1}{2\pi} \int_{-a}^{a} dt \int_{-\infty}^{\infty} dx \int_{-\infty}^{\infty} dx'\, p_1(x)\, p_2(x')\, \exp(it(x-x'))$$

であるから定理 4.3 と同様にして結論が得られる。　　♠

定理 4.4 において特に $p(x) = p_1(x) = p_2(x)$ とおくと
$$\int p(x)^2 dx = \lim_{a\to\infty} \frac{1}{2\pi} \int_{-a}^{a} |\varphi(t)|^2 dt$$
が成り立つ。ある確率密度関数 $p(x)$ と確率密度関数の列 $\{p_n(x)\}$ が与えられて，対応する特性関数を $\varphi(t), \varphi_n(t)$ とすれば
$$\int (p_n(x) - p(x))^2 dx = \lim_{a\to\infty} \frac{1}{2\pi} \int_{-a}^{a} |\varphi_n(t) - \varphi(t)|^2 dt$$
が成り立つ。これより，2乗の積分が有限になるような確率密度関数においては，特性関数の2乗積分の意味での収束と確率密度関数の2乗積分の意味での収束が同等であることがわかる。このように，特性関数の作る集合と確率密度関数の作る集合の間にはきわめて密接な関係がある。

4.2　特性関数とモーメント

確率変数 X が与えられたとき，0以上の整数 n について
$$E(X^n) = \int_{-\infty}^{\infty} x^n p(x) dx$$
が存在すれば，これを確率変数 X の n 次のモーメント (moment) という。特性関数の定義

$$\varphi(t) = E(e^{itX}) = \int e^{itx} p(x) dx$$

の両辺を n 回微分してから $t=0$ とおくことにより，モーメントと特性関数の間の関係

$$i^n E(X^n) = \varphi^{(n)}(0)$$

が成り立つことがわかる．この式は，モーメントの計算が難しいとき，特性関数を計算してから微分することによりモーメントが計算できることを意味している．なお

$$\psi(t) = E(e^{tX})$$

を**モーメント母関数** (moment generating function) といい，モーメントの計算においてはこちらが利用される場合もある．モーメント母関数は，形式的には特性関数の it の代わりに t を用いたものであるが，特性関数が任意の確率密度関数に対して存在するのに対して，モーメント母関数は確率密度関数によっては存在しない場合がある．しかしながらモーメント母関数が存在するときには，虚数部分を持たない分だけ計算間違いを起こしにくい．また

$$k(t) = \log E(e^{tX})$$

を**キュムラント母関数** (cumulant generating function) といい，$k(t)$ を m 回微分してから $t=0$ を代入して得られる $k^{(m)}(0)$ を m 次の**キュムラント** (cumulant) という．1次，2次のキュムラントは X の平均と分散にそれぞれ一致する．

自然科学において X がエネルギーに対応するとき，$E(e^{-tX})$ のことを**分配関数** (partition function) といい，$(-\log E(e^{-tX}))$ のことを**自由エネルギー** (free energy) という．分配関数に相当する量の計算法は場の量子論や統計力学における中心的な問題である．

例 4.5 例 1.4 で示したように2項分布の平均や分散の計算では，$s\,(>0)$ について

$$E(s^X) = \sum_{r=0}^{n} p(r) s^r = (sp + (1-p))^n$$

を用いた。ここで $s = \exp(it)$ とおけば，これは，特性関数を計算していたことになる。すなわち2項分布では

$$E(\exp(itX)) = (e^{it}p + (1-p))^n$$

である。またモーメント母関数は

$$E(e^{tX}) = (e^t p + (1-p))^n$$

である。

例 4.6 標準正規分布のモーメントを二つの方法で計算してみよう。第一に直接計算する。標準正規分布は偶関数であるから，奇数次のモーメントは0である。$2n$ 次のモーメント

$$M_{2n} = \int_{-\infty}^{\infty} x^{2n} \frac{1}{\sqrt{2\pi}} \exp\left(-\frac{x^2}{2}\right) dx$$

を求めよう。部分積分を利用すると

$$\begin{aligned} M_{2n} &= -\frac{1}{\sqrt{2\pi}} \left[x^{2n-1} e^{-x^2/2} \right]_{-\infty}^{\infty} + \frac{2n-1}{\sqrt{2\pi}} \int_{-\infty}^{\infty} x^{2n-2} e^{-x^2/2} dx \\ &= (2n-1) M_{2n-2} \end{aligned}$$

であるから，$M_0 = 1$ を用いて

$$M_{2n} = (2n-1) \cdot (2n-3) \cdots 1 \cdot M_0 = \frac{(2n)!}{2^n n!}$$

である。第二に特性関数を用いる。例 4.2 で示したように標準正規分布の特性関数は

$$\varphi(t) = \exp\left(-\frac{t^2}{2}\right)$$

である。テーラー展開すると

$$\varphi(t) = \sum_{k=0}^{\infty} (-1)^k \frac{t^{2k}}{2^k k!}$$

であるから

$$\varphi^{(2n)}(0) = (-1)^n \frac{(2n)!}{2^n n!}$$

である。具体的には

$$E(X^2) = 1, \quad E(X^4) = 3, \quad E(X^6) = 15, \cdots$$

またキュムラント母関数は

$$k(t) = \log E(e^{tX}) = \log e^{t^2/2}$$
$$= \frac{t^2}{2}$$

したがって，標準正規分布においては 2 次以外のキュムラントは 0 になる。キュムラントの 2 次以外の値が小さいとき，X の確率密度関数が正規分布に近いと考えられる。

4.3 特性関数と独立性

実数に値を取る確率変数 X_1 と X_2 が独立であるとする。X_1, X_2 の特性関数を $\varphi_1(t), \varphi_2(t)$ とすれば

$$Y = X_1 + X_2$$

の特性関数 $\psi(t)$ は

$$\psi(t) = E(\exp(it(X+Y))) = E(\exp(itX))E(\exp(itY)) = \varphi_1(t)\varphi_2(t)$$

が成り立つ。すなわち，独立な確率変数の和の特性関数は，それぞれの特性関数の積になっている。例 2.8 によると，$X+Y$ の密度関数は，畳み込みで与えられるのであった。このことから，「畳み込み」のフーリエ変換が，それぞれのフーリエ変換の積に等しいことがわかる。同じようにして $X_1, X_2, \cdots, X_n$ が独立であるとき，対応する特性関数を $\varphi_1(t), \varphi_2(t), \cdots, \varphi_n(t)$ とすると

$$Y = X_1 + X_2 + \cdots + X_n$$

の特性関数 $\psi(t)$ は

$$\psi(t) = \varphi_1(t)\varphi_2(t)\cdots\varphi_n(t)$$

である。逆に，特性関数が積で書けるときには確率変数が独立であることが知られている。

注意 4.2 特性関数 $\varphi(t)$ はつぎの条件を満たすことが知られている。
(1) $\varphi(t)$ は連続関数で $\varphi(0) = 1$
(2) 任意の n と任意の実数 $\{t_i\}$ および任意の複素数 $\{z_i\}$ について
$$\sum_{i,j=1}^{n} \varphi(t_i - t_j) z_i \overline{z_j} \geqq 0$$
このような特徴を持つ関数を**非負定値関数** (positive-definite function) という。任意の確率測度のフーリエ変換は上の (1), (2) を満たし，反対に (1), (2) を満たす関数の逆フーリエ変換は確率測度になる。この意味で特性関数を考えることは確率測度を考えることと等価である。

質問 4.1 関数 $f(x)$ のフーリエ変換 $(\mathcal{F}f)(t)$ は
$$\int |f(x)| dx$$
が有限でなくても定義できるそうですが，なぜですか。

答え 4.1 関数 $f(x)$ と $g(x)$ のフーリエ変換を $\hat{f}(t), \hat{g}(t)$ とすると $f(x)g(x)$ が十分よい性質を満たすときには
$$\int f(x)\overline{g(x)} dx = \frac{1}{2\pi} \int \hat{f}(t)\overline{\hat{g}(t)} dt$$
が成り立ちます。このことを利用して，例えば $f(x)$ が積分できなくても $f(x)g(x)$ がよい性質を持つならば，上式を満たすものとして $\hat{f}(t)$ を定義することができます。デルタ関数などの一般化された関数のフーリエ変換もこのように定義することで数学的に議論をすることが可能になります。

質問 4.2 モーメント母関数やキュムラント母関数はなんの役に立つのでしょうか。

答え 4.2 確率変数 E が非常に多くの確率変数 $X_1, X_2, \cdots, X_n$ の関数として
$$E = E(X_1, X_2, \cdots, X_n)$$
のように表され，各 $\{X_i\}$ が従う確率分布がわかっているとします。このとき，確率変数 E の平均や分散を求めたいにもかかわらず，変数 $\{X_i\}$ たちが非常に多いために計算が困難なことがよく起こります。このようなとき，モーメント母関数 $E(e^{tE})$ を（場合によっては近似により）求めることにより E の挙動が解明できるこ

とがあります。この方法は自然科学におけるさまざまな現象を解明するために開発されたものですが，最近では，多くの確率変数を含む情報システムや脳や生物の情報構造を解明するためにも利用されるようになってきています。

章 末 問 題

【1】 非負の整数上の確率関数
$$p(n) = \frac{\lambda^n}{n!} e^{-\lambda}$$
をポアソン分布 (Poisson distribution) という ($\lambda > 0$)。

(a) この確率変数の特性関数を求めよ。ただし
$$e^x = \sum_{k=0}^{\infty} \frac{x^n}{n!}$$
を用いてよい。

(b) この分布に従う確率変数の平均と分散を求めよ。

【2】 (a) 関数 $f(x) = e^{-|x|}$ のフーリエ変換を求めよ。

(b) コーシー分布に従う確率変数
$$p(x) = \frac{1}{\pi} \cdot \frac{1}{1+x^2}$$
の特性関数を求めよ。この分布は平均も分散も持っていない。このことと特性関数の原点の様子がどのように関連しているかを考えよ。

【3】 確率変数 X の n 次のキュムラント $k_n(X)$ は
$$k_n(X) = \frac{d^n}{dt^n} \log E(e^{tX})|_{t=0}$$
で定義される。X と Y が独立であるとき
$$k_n(X+Y) = k_n(X) + k_n(Y)$$
が成り立つことを示せ。ただし X も Y も有限な n 次のキュムラントを持つものとする。

5 条件つき確率とベイズの定理

条件つき確率とベイズの定理は，ある確率変数からほかの確率変数への推論や逆推論において必要であり，情報の解析や人工知能の実現において大切な役割を果たす．あるものから別のものを推論するということは，条件つき確率を考えることである．

5.1 同時確率と条件つき確率

実数に値を取る確率変数 X と Y が同時確率密度関数 $p(x,y)$ に従うものとする．このとき X, Y の周辺確率密度関数 $p(x), p(y)$ を式 (2.3), (2.4) で定義した．

X を x に固定したときの Y の確率密度関数を $p(y|x)$ と書くことにする．$p(y|x)$ は $p(x,y)$ に比例するが，y についての全積分が 1 にならなくてはならないので

$$p(y|x) = \frac{p(x,y)}{\int p(x,y)dy}$$
$$= \frac{p(x,y)}{p(x)}$$

となる．これを**条件つき確率密度関数** (conditional probability density function) という (図 **5.1**)．$p(x) = 0$ のときは条件つき確率密度関数 $p(y|x)$ は定義されない．定義から

$$p(x,y) = p(y|x)p(x) = p(x|y)p(y)$$

が成り立つ．この関係は**ベイズの定理** (Bayes theorem) と呼ばれる．特に X

5.1 同時確率と条件つき確率

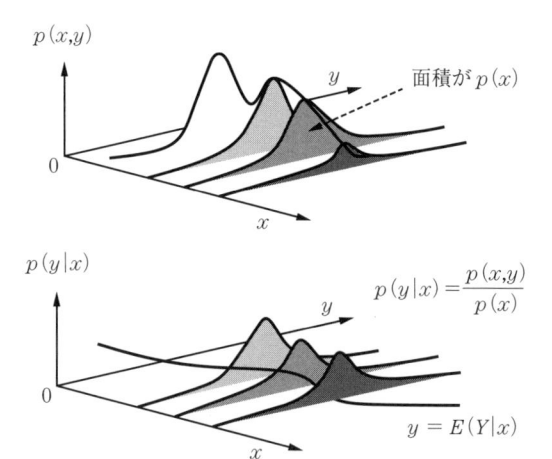

図 5.1 条件つき確率密度関数

と Y が独立なときには

$$p(y|x) = p(y), \quad p(x|y) = p(x)$$

が成り立つ。$p(y|x)$ という表記のため，x と y が対等に並べてあるように見えるかもしれないが，この表記は，いわば $p(y|_{X=x})$ を表している。つまり $X = x$ に制限し固定したときの y についての確率密度関数を表している。y について積分すると 1 になるが x について積分しても 1 にはならない。

注意 5.1 X から Y への推論や予測は条件つき確率として表現され，情報システムや人工知能の構築においてきわめて重要な役割りを果たす。例えば

(1) 音声認識では $p(言葉 | 音信号)$ が使われる。

(2) 文字認識では $p(文字 | 画像)$ が使われる。

(3) 知能ロボットでは $p(行動 | 環境)$ が使われる。

(4) 経済予測では $p(明日 | 今日, 昨日, 二日前)$ が使われる。

なにからなにかを推論する作業は条件つき確率を考えることになるのである。

注意 5.2 条件つき確率の定義において，確率変数が実数に値を取る場合について述べたが，有限個あるいは可算個の値を取る場合にも同様である。例えば二つの確率変数 X, Y の同時確率関数 $p(x, y)$ が**表 5.1** のように与えられたと

表 5.1

X \ Y	a	b	c
1	$p(1,a)$	$p(1,b)$	$p(1,c)$
2	$p(2,a)$	$p(2,b)$	$p(2,c)$
3	$p(3,a)$	$p(3,b)$	$p(3,c)$

する．このとき

$$p(y|x) = \frac{p(x,y)}{p(x)} = \frac{p(x,y)}{\sum_{y=a,b,c} p(x,y)}$$

である．例えば「$x=2$ のとき $y=c$ となる確率」は

$$p(y=c|x=2) = \frac{p(2,c)}{p(2,a)+p(2,b)+p(2,c)}$$

のように計算できる．

例 5.1 表 5.2 は，7月のある一日の商店のアイスクリームの売上げと温度の同時確率を表したものである．

表 5.2

売上個数 \ 温度	15〜25°C	25〜30°C	30°C 以上
0〜100 個	0.02	0.1	0.2
100〜200 個	0.02	0.3	0.1
200〜300 個	0.06	0.1	0.1

アイスクリームの売上げが 0〜100 個になる確率 p_1 は

$$p_1 = 0.02 + 0.1 + 0.2 = 0.32$$

である．温度が 25〜30°C になる確率 p_2 は

$$p_2 = 0.1 + 0.3 + 0.1 = 0.5$$

である．温度が 25〜30°C のとき，アイスクリームが 100〜200 個売れる確率 p_3 は

$$p_3 = \frac{0.3}{0.5} = 0.6$$

である．アイスクリームが 200〜300 個売れたとき，温度が 25〜30°C である確率 p_4 は

$$p_4 = \frac{0.1}{0.06 + 0.1 + 0.1} = \frac{5}{13}$$

である．

実数に値を取る二つの確率変数 X と Y が同時確率密度関数 $p(x,y)$ に従うものとする．このとき，$X = x$ のときの Y の平均値を

$$E(Y|x) = \int_{-\infty}^{\infty} y\, p(y|x)\, dy$$

と定義する．ここで $E(Y|x)$ は y について積分した結果として得られるものなので，y の関数ではなく x の関数であることに注意せよ．関数 $y = E(Y|x)$ で表される曲線を**回帰曲線** (regression curve) あるいは**回帰関数** (regression function) という．つぎの定理 5.1 が成り立つ．

定理 5.1

関数 $y = f(x)$ が与えられたとき，平均 2 乗誤差 $L(f)$ を

$$L(f) = E((Y - f(X))^2)$$
$$= \iint (y - f(x))^2 p(x,y) dx dy$$

と定義する．$p(x) > 0$ が成り立つと仮定する．このとき，$L(f)$ は $f(x) = E(Y|x)$ のときに限り最小値

$$\int y^2 p(y) dy - \int E(Y|x)^2\, p(x)\, dx$$

を取る．

証明　関数 $v(x)$ を

$$v(x) = \int y^2 y(y|x) dy$$

と定義し，$r(x) = E(Y|x)$ とおく．
$$L(f) = \int p(x)dx \int p(y|x)dy\, (y^2 - 2yf(x) + f(x)^2)$$
$$= \int p(x)dx\, (v(x) - 2r(x)f(x) + f(x)^2)$$
$$= \int p(x)dx\, ((f(x) - r(x))^2 + v(x) - r(x)^2)$$
したがって $L(f)$ は $f(x) = r(x)$ のとき最小値
$$\int p(x)\,dx \int p(y|x)\,dy\, y^2 - \int r(x)^2\, p(x)\,dx$$
を取る． ♠

例 5.2 実数に値を取る二つの確率変数 X, Y がつぎの同時確率密度関数
$$p(x, y) = C\, \exp(-(x^2 + y^2 - xy))$$
に従うとする．ここで C は定数である．
$$p(x, y) = C\, \exp\left(-\left(y - \frac{x}{2}\right)^2 - \frac{3x^2}{4}\right)$$
であるから
$$p(x) = C\sqrt{\pi}\, \exp\left(-\frac{3x^2}{4}\right)$$
である．したがって
$$p(y|x) = \frac{1}{\sqrt{\pi}} \exp\left(-\left(y - \frac{x}{2}\right)^2\right)$$
であり，回帰曲線は
$$E(Y|x) = \int y\, p(y|x)\, dy = \frac{x}{2}$$
である．Y から X への推論についても同様の計算を行うと，x と y の対称性から
$$E(X|y) = \int x\, p(x|y)\, dx = \frac{y}{2}$$
である．$E(Y|x)$ は X 軸方向についての最小 2 乗法から得られる回帰曲線であり，$E(X|y)$ は Y 軸方向についての最小 2 乗法から得られる回帰曲線である．この例のように二つの回帰曲線は，一般に一致しない．回帰

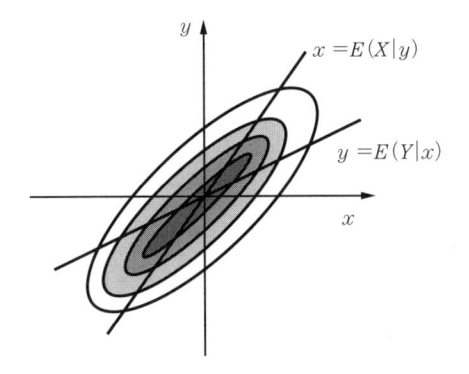

図 5.2 回 帰 関 数

曲線を使って X から Y への平均推論を行ったとしても，その逆関数は Y から X への平均推論を与えないのである（図 **5.2**）。

5.2 ベイズの定理と逆推論

情報システムを構築する際に，しばしば現われる問題としてつぎのものがある。

> 条件つき確率 $p(y|x)$ はわかっている。Y の実現値 $Y=y$ が計測できたとき，X がなにかを推論したい。どうしたらよいか。

これは結果から原因を推測することのように見えるため，逆推論と呼ばれる。ベイズの定理から

$$p(x|y) = \frac{p(y|x)p(x)}{p(y)} = \frac{p(y|x)p(x)}{\int p(y|x)p(x)dx}$$

が成り立つ。$p(x|y)$ は y が与えられたもとでの X の確率密度関数を表している。$p(y|x)$ はわかっているので，もしも $p(x)$ がわかれば，$p(x|y)$ が得られて逆推論を行うことが可能になる。

例 5.3 つぎの問題を考えてみよう．A 君が講義にくる確率は 0.8 である．A 君がくるとき B 君もくる確率は 0.7 で，A 君がこないとき B 君がくる確率は 0.1 である．

(1) B 君が講義にくる確率を求めよ．

(2) ある日，B 君が講義にきていた．A 君も講義にきている確率を求めよ．

このような問題では，少し遠回りになるかもしれないが，同時確率を書いてみるのが確実である．A, B 君がくる，こないを $a = 0, 1$, $b = 0, 1$ で表し，それぞれに対応する確率を $p(a,b)$ で表すものとする．同時確率関数は

$$p(a,b) = p(b|a)p(a)$$

であるから，B 君だけに着目すると a について平均して

$$p(b) = \sum_a p(b|a)p(a)$$

特に

$$p(b=1) = p(b=1|a=0)p(a=0) + p(b=1|a=1)p(a=1)$$
$$= 0.1 \times 0.2 + 0.7 \times 0.8 = 0.58$$

である．また

$$p(a|b) = \frac{p(b|a)p(a)}{p(b)}$$

であるから特に

$$p(a=1|b=1) = \frac{p(b=1|a=1)p(a=1)}{p(b=1)} = \frac{0.7 \times 0.8}{0.58} = \frac{56}{58}$$

となる．この問題は，「A 君がくるかどうか (0,1) から B 君がくるかどうか (0,1)」を「雑音あり通信路」であると考えれば情報復元の問題を考えていることに相当する．

注意 5.3 画像を画素を要素とするベクトルであると考える．文字の画像 $\boldsymbol{x}$ が

$$p(\boldsymbol{x}) = C_1 \exp(-g(\boldsymbol{x}))$$

に従って発生するとする。ある文字の画像 x をコンピュータに取り込むとき，記録される画像 y は雑音が加わって

$$p(\boldsymbol{y}|\boldsymbol{x}) = C_2 \exp(-\|\boldsymbol{y} - f(\boldsymbol{x})\|^2)$$

という条件つき確率密度関数に従うことが知られている。画像 y が得られたとき，本当の文字の画像 x は，どんな確率分布に従うか。これと同等の問題は画像復元や信号の復元の問題にしばしば現れる。

例 5.4 3 個の確率変数 X, Y, Z を考える。一般に，3 個の確率変数の同時確率は

$$p(x, y, z) = p(z|x, y)p(x, y) = p(z|x, y)p(y|x)p(x)$$

と書くことができる。さて，いま，ある特別な X, Y, Z において同時分布が

$$p(x, y, z) = p(z|y)p(y|x)p(x) \tag{5.1}$$

を満たすとする。式 (5.1) は

$$p(z|y, x) = p(z|y)$$

であること，すなわち，X から Z への影響は，Y を通して間接的に及ぶことを述べている。X と Z の実現値が得られたとき，途中の状態 Y について知りたい。どうしたらよいだろうか。条件つき確率 $p(y|x, z)$ を求めると

$$p(y|x, z) = \frac{p(x, y, z)}{p(x, z)} = \frac{p(z|y)p(y|x)p(x)}{\int p(z|y)p(y|x)p(x)dy}$$

$$= \frac{p(z|y)p(y|x)}{\int p(z|y)p(y|x)dy}$$

になるので，これを用いると Y について推論することができる。この例では，確率変数は 3 個であるが，非常にたくさんの確率変数のうちの一部分の実現値が得られたとき，観測できなかった確率変数について推測する方法が，情報システムにおける推論において用いられている。

質問 5.1 ベイズの定理が重要であることはよくわかったのですが
$$p(y|x) = \frac{p(x|y)p(y)}{p(x)}$$
という公式は，とても覚えにくいので，間違えてしまいそうです。よい記憶法はないでしょうか。

答え 5.1 確かにこれは覚えにくいですね。同時確率
$$p(x,y) = p(y|x)p(x) = p(x|y)p(y)$$
は対称的で意味もわかりやすく間違えにくいので，少し面倒でも，同時確率から導出するようにすれば確実であると思います。

質問 5.2 実問題では $p(y|x)$ だけが与えられて，$p(x)$ については不明であるにもかかわらず，y が与えられたとき x について推論せよ，というケースが多いようです。どうしたらいいのでしょうか。

答え 5.2 確率分布 $p(x)$ は事前確率または先験確率と呼ばれるものですが，実問題では $p(x)$ が不明であることが多く，古来，多くの議論があるところです。代表的なものをあげてみましょう。以下の中には，なにをいっているのかよくわからないものもあるかも知れませんが，いまの段階ではすべてを理解する必要はありません。将来この問題が必要なケースに出会ったら，自分の問題の特別性も含めて考えて下さい。

(a) 問題を考えている人が責任を持って事前確率 $p(x)$ を決めます。責任を持てといわれても，どうしたらよいかわからないことのほうが多いかもしれませんね。

(b) x や y の次元や例の数が大きいときには $p(x)$ がなんであっても結論が影響されにくい場合があります。そのときは，$p(x)$ としてなにを使っても大丈夫というわけです。理論的にそうであることを示すことができるときもあります。その場合はどんな $p(x)$ を使ってもいいので安心ですね。

(c) $p(y|x)$ を用いて y から x への逆推論を行いたいのですが，$p(y|x)$ の性質が，特別な x を結論しやすく特別な x を結論しにくくしている場合があります。このとき x について偏りが生じないための補正として最適な $p(x)$ を使うべきであるという考え方があります。これを無情報分布といいます。ただし，無情報分布よりもつねによい推測を行えるような $p(x)$ が存在することも多いので，偏りがなければベストというわけでも

(d) $p(x)$ としてパラメータを持つもの $p(x;a)$ を用意しておいて
$$\int p(y|x)p(x;a)dx$$
を最大にする a^* を用いて $p(x;a^*)$ を事前確率に用いるとよいという方法があります．事前確率を結果である y から定めるのは哲学的に矛盾することだと批判する人もありますが，応用上，よい結果を与えることが多いことが知られています．

質問 5.3 事前確率の話は難しいのですね．つまり，$p(y|x)$ において y から x を逆推論することは，いまだに決着がついていないということですか．

答え 5.3 現在，さまざまな方法が研究されているところです．おそらく，この問題については，個人が抱いている信念に基づいて論争してどれが正統であるかを争ってもなにも得られないと思います．むしろ，このように考えるのが合理的でしょう．ある方法を決めれば，その方法の精度は数理的に調べることができます．実験的に調べることもできます．そこで，いろいろな方法を科学的に比較して，解決したい問題に最も適する方法を用いるべきでしょう．特に，情報学においては，どのようなアルゴリズムに基づいてどのようなシステムを構築するかは，設計者の自由に任されています．そのとき，信念に基づいて，ある方法だけを正しいと主張するのではなく，自由に発想して方法を考え，科学的に評価するという進み方が一番よいのではないかと思います．つまり

個人の信念 → 方法 → 主張と論争

ではなくて

自由な発想 → 方法 → 科学的な評価

と進むのがよいのではないでしょうか．

章 末 問 題

【1】 実数に値を取る確率変数 X_0 と X_1 があり，確率密度関数をそれぞれ $p_0(x)$, $p_1(x)$ とする．つぎの操作を考える．

確率 a で X_0 を選んで試行し，確率 $(1-a)$ で X_1 を選んで試行する．

この試行の結果得られた値が x であったとき，選ばれた確率変数が X_1 であった確率を求めたい．つぎの手順でこれを求めよ．

(a) 選ばれる確率変数の番号 n と試行の結果得られる値 x の同時確率分布を $p(x,n)$ とする．$p(x,0)$ と $p(x,1)$ を求めよ．

(b) 周辺確率 $p(x) = p(x,0) + p(x,1)$ を求めよ．

(c) 条件つき確率 $p(n=1|x)$ を求めよ．

(d) 0 と 1 の手書き文字画像から，書かれている文字が 0 であるか 1 であるかを判定したい．0 が発生する確率を a，1 が発生する確率を $(1-a)$ とする．文字を見分けるために，文字の横の長さを測ることにした．文字画像 0 の横の長さの確率分布は $p_0(x)$ で，文字画像 1 の確率分布は $p_1(x)$ であった．以上のことから，文字画像の横の長さ x から文字を読み取るシステムを作れ．

【2】問題【1】において，デルタ関数を用いると，同時確率は

$$p(x,y) = a\delta(y)p_0(x) + (1-a)\delta(y-1)p_1(x)$$

と書くことができる．このとき，回帰曲線

$$r(x) = \int y p(y|x) dy$$

を求めよ．これが意味しているものはなにか．

【3】ある情報が真実であるかどうか（つまり 1 か 0 か）を，A さんから B さんに伝え，つぎに B さんから C さんに伝える場合を考える．「A → B」において正しく伝わる確率が p であり，「B → C」は q であるという．いま A さんは真実を知っているとする．

(a) C が真実を知る確率を求めよ．

(b) C が真実を知っているとき，B も真実を知っている確率を求めよ．

6 中心極限定理

実数に値を取る確率変数 X について X の平均値 $E(X)$ を知りたいと思い，n 回の独立な試行を行い実現値 $x_1, x_2, \cdots, x_n$ を得たとしよう．実現値の平均

$$y = \frac{x_1 + x_2 + \cdots + x_n}{n}$$

は，**サンプル平均** (sample average, sample mean) あるいは**標本平均**と呼ばれるが，サンプル平均 y から本当の平均値 $E(X)$ について，どのような情報がどれだけ得られるのだろうか．

「サンプル平均 y から真の平均 $E(X)$ を推測すること」を一つの確率的な現象と考えるとき，X と同じ確率分布を持つ独立な確率変数 $X_1, X_2, \cdots, X_n$ から定義される確率変数

$$Y_n = \frac{X_1 + X_2 + \cdots + X_n}{n}$$

が，どのような挙動を持つか，という問題を調べる必要がある．このときサンプル平均 y は確率変数 Y_n の実現値と考えることができる．本章では，この問題について考えてみよう．

6.1 大数の法則

表が出る確率が p で，裏が出る確率が $(1-p)$ であるようなコインがある．n 回コインをふって，表が出た回数を k 回とする．表が出た割合 k/n は，n が大きくなるにつれて確率 p に近づいていくように感じられる．すなわち

$$\frac{k}{n} \to p$$

が成り立ちそうである。ここで収束 → は，確率的に変動するものの収束を表すので，普通の意味の数列の収束とは異なる．大数の法則は，この収束について述べるものである．

定理 6.1

実数に値を取る確率変数 X と，同じ分布に従う独立な確率変数 X_1, $X_2, \cdots, X_n$ を考える．平均 $m = E(X)$ と，分散 $\sigma^2 = V(X)$ がともに有限であるとする．確率変数

$$Y_n = \frac{X_1 + X_2 + \cdots + X_n}{n}$$

について

$$E(Y_n) = E(X)$$
$$V(Y_n) = \frac{V(X)}{n}$$

が成り立つ．したがって Y_n の分散は $n \to \infty$ のとき 0 に収束する．

証明 まず平均については

$$E(Y_n) = \frac{1}{n} \sum_{i=1}^{n} E(X_i) = E(X)$$

つぎに分散については

$$\begin{aligned}
V(V_n) &= E((Y_n - m)^2) \\
&= \frac{1}{n^2} E\left(\left(\sum_{i=1}^{n}(X_i - m)\right)^2\right) \\
&= \frac{1}{n^2} E\left(\sum_{i=1}^{n}(X_i - m)^2\right) + \frac{1}{n^2} E\left(\sum_{i \neq j}(X_i - m)(X_j - m)\right) \\
&= \frac{1}{n} V(X)
\end{aligned}$$

ここで $i \neq j$ のとき，X_i と X_j は独立であるから

$$E((X_i - m)(X_j - m)) = E(X_i - m)\, E(X_j - m)$$
$$= 0$$

となることを用いた．♠

さて実数 m が与えられたとき，一般化された確率密度関数

$$p(x) = \delta(x - m)$$

を持つ確率変数も m と書くこととする。このようにつねに定数を取る確率変数は，その定数値を確率変数として表記にも用いることにする。つぎの定理 6.2 は**大数の法則** (law of large numbers) と呼ばれている。

定理 **6.2**

実数に値を取る確率変数 X が，有限の平均 m と，分散 σ^2 を持つとする。このとき

$$Y_n = \frac{X_1 + X_2 + \cdots + X_n}{n}$$

は m に確率収束する。すなわち，任意の $\varepsilon \, (> 0)$ について

$$\lim_{n \to \infty} P(|Y_n - m| > \varepsilon) = 0$$

が成り立つ。

|証明| 定理 6.1 より $E(Y_n) = m, V(Y_n) = \sigma^2/n$ である。チェビシェフの不等式を Y_n に適用すると，任意の $t\,(> 0)$ について

$$P\left(|Y_n - m| \geq \frac{t\sigma}{\sqrt{n}}\right) \leq \frac{1}{t^2}$$

が成り立つ。そこで $\varepsilon\,(> 0)$ に対して

$$t = \frac{\varepsilon \sqrt{n}}{\sigma}$$

と定義すれば

$$P(|Y_n - m| > \varepsilon) \leq P(|Y_n - m| \geq \varepsilon) \leq \frac{\sigma^2}{n\varepsilon^2}$$

となる。$n \to \infty$ を考えれば定理 6.2 が得られる。 ♠

例 6.1 確率 p で表が，$(1-p)$ で裏が出るコインを投げる。表が出たとき 1，裏が出たとき 0 となる確率変数を X とする。X の平均は

$$E(X) = p \cdot 1 + (1-p) \cdot 0 = p$$

である。また分散は
$$V(X) = p(1-p)^2 + (1-p)(0-p)^2 = p(1-p)$$
であるから有限である。X と同じ確率分布に従う n 個の独立な確率変数 $X_1, X_2, \cdots, X_n$ を考える。表が出た回数を表す確率変数を K とすると
$$\frac{K}{n} = \frac{X_1 + X_2 + \cdots + X_n}{n}$$
であるから，大数の法則により K/n は p に確率収束する。

例 6.2 確率 p で 1 が，確率 $(1-p)$ で 0 が毎回独立に現れる数列を考える。長さ n の数列は，例えば

  10110001011001110101000⋯ （全部で n 個）

のようなものが現れてくる。このような数列は全部で 2^n 通りである。大数の法則の証明で述べたことから，数列の中の 1 の個数 K は，おおよそ np 個であって，任意の $\varepsilon(>0)$ について
$$n(p-\varepsilon) < K < n(p+\varepsilon)$$
となる確率は $n \to \infty$ において 1 に近づく。このように 1 に近づく確率で生じる数列の集合のことを**典型系列** (typical sequence) という。

注意 6.1 定理 6.2 では，確率変数 X の平均と分散の存在を仮定して大数の法則を証明した。大数の法則はつぎのように一般化することができることが知られている。

(1) $X_1, X_2, \cdots, X_n$ が独立で X と同じ分布に従うときには，$E(X)$ が有限確定値であれば分散が有限でなくても定理 6.2 と同じ結果が成り立つ。

(2) $X_1, X_2, \cdots, X_n$ が独立で，すべての平均値が同じであるとする。X_i の分散が異なる場合でも i によらない一定値以下であれば定理 6.2 と同じ結果が成り立つ。

(3) 確率収束ではなく，もっと強く概収束の意味での収束がいえるとき，**大数の強法則** (strong law of large numbers) が成り立つという。$X_1, X_2, \cdots, X_n$ が独立で X と同じ分布に従うとき，大数の強法則が成

り立つことと $E(X)$ が有限確定値であることはたがいに必要十分であることが知られている。

注意 6.2 コーシー分布
$$p(x) = \frac{1}{\pi} \cdot \frac{1}{1+x^2}$$
は，偶関数で原点について対称的であるが，有限な平均を持っていない。このためコーシー分布から得られた独立な変数については大数の法則が成り立たない。応用上では，いくらサンプル数を大きくしても，サンプル平均が収束していかないように見えるとき，コーシー分布のような分布からのサンプルではないかと疑ってみることが必要である。

6.2 法則収束とは

　中心極限定理は，確率論の入門におけるハイライトであるといってよいが，初めて習う人にとって，意味がつかみにくいことが多いようである。それは，おそらく法則収束についての理解があいまいであるからだと思われる。読者には，中心極限定理についての言明を読む前に，まず，法則収束という概念を十分に把握してもらいたい。

　例 2.3 で述べたことであるが，「確率変数が同じ」であることと，「等しい分布を持つ」こととは異なる概念である。独立な二つのサイコロをふることを考える。どちらのサイコロもすべての目が 1/6 で出るものとする。サイコロ A の目を現す確率変数 X と，サイコロ B の目を現す確率変数 Y は，確率変数としては等しくないが，しかし，同じ確率分布に従っている。したがって，どのような有界連続関数 f についても平均値は等しくなる。
$$E_X(f(X)) = E_Y(f(Y))$$
サイコロ A の目の結果から，サイコロ B の目を予測することはできない。しかしながら，$f(X), f(Y)$ がサイコロふりゲームの賞金だとすれば，サイコロ A の賞金の平均値からサイコロ B の賞金の平均値を求めることはできる。これはすなわち，「サイコロ A とサイコロ B は確率変数としては異なるが，確

率分布は同じである」ということである。

　中心極限定理は，独立な確率変数の和の分布が，正規分布に近づいていくことを主張する。

　確率変数として近づくのではなく，確率分布が近づいていく。以下では，そのことに数学的な表現を与えよう。

　実数に値を取る確率変数 X と Y を考える。同じ確率空間上に定義されているとは限らない X と Y とが等しい法則を持つ，あるいは等しい確率分布に従うとは，つぎのうちのいずれかが成り立つ場合をいう。

(1) X の一般化された確率密度関数と Y の一般化された確率密度関数が等しい。

(2) X の特性関数と Y の特性関数が等しい。

(3) 任意の有界で連続な関数 f について $E_X(f(X)) = E_Y(f(Y))$ が成り立つ。

　これらの条件は，それぞれたがいに必要十分であることが知られている。すなわち，どれか一つが成り立てば，ほかの二つも成り立つことが知られている。

　さて，実数に値を取る確率変数の列 $X_1, X_2, \cdots, X_n, \cdots$ が実数に値を取る確率変数 X に**法則収束** (convergence in law) するとは，任意の有界連続関数 f について

$$\lim_{n \to \infty} E_{X_n}(f(X_n)) = E_X(f(X))$$

が成り立つことをいう。X_n, X の確率密度関数を，それぞれ $p_n(x)$, $p(x)$ とするとき，上の式はつぎの式を意味している。

$$\lim_{n \to \infty} \int f(x) p_n(x) dx = \int f(x) p(x) dx$$

この場合，確率変数の列 $\{X_n\}$ がある確率変数 X に「収束する」といっても，確率変数としては別々のままでもよい。

例 6.3 $n = 1, 2, 3, \cdots$ について確率変数 X_n が平均 a_n, 分散 $b_n (> 0)$ の正規分布に従うとする。$a_n \to a$, $b_n \to b (> 0)$ のとき，X_n は平均 a

で分散 b の正規分布に法則収束する。

例 6.4 例 6.3 では確率密度関数がすべての点で収束しているが，一般には法則収束する。すなわち，確率分布が近づく，ということは，確率密度関数が各点で近づいていく，ということとは異なる概念である。例えば実数に値を取る確率変数 X_n が一般化された確率密度関数

$$p_n(x) = \frac{1}{n} \sum_{i=1}^{n} \delta\left(x - \frac{i}{n}\right)$$

に従うとする。このとき確率変数の列 $\{X_n\}$ は $[0,1]$ 上の一様分布に従う確率変数に法則収束する。実際，任意の有界連続関数 $f(x)$ について

$$\int f(x) p_n(x) dx = \frac{1}{n} \sum_{i=1}^{n} f\left(\frac{i}{n}\right)$$
$$\to \int_0^1 f(x) dx$$

が成り立つ。

法則収束を判定する場合，つぎの定理 6.3 はたいへん強力である。

定理 6.3

実数に値を取る確率変数列 $X_1, X_2, \cdots, X_n, \cdots$ が実数に値を取る確率変数 X に法則収束するための必要十分条件は，X_n の特性関数 $\varphi_n(t)$ が，X の特性関数 $\varphi(t)$ に，それぞれの t ごとに収束することである。

証明 この定理 6.3 の証明を行うのは本書の範囲では難しい。そこで，証明ではなく，この定理が成り立つ理由を説明しよう。X_n の確率密度関数を $p_n(x)$ とする。定理 4.4 から $f(x)$ について適切な仮定をおき，$\hat{f}(t)$ をそのフーリエ変換とすれば

$$\int_{-\infty}^{\infty} p_n(x) f(x) dx = \int_{-\infty}^{\infty} \varphi_n(t) \hat{f}(t) dt$$

が成り立つ。これから，確率分布 $p_n(x)$ の収束と $\varphi_n(t)$ の収束が，強い関係を持つことが感じ取れるであろう。♠

例 6.5 実数に値を取る独立な確率変数の列 $\{X_n\}$ について，X_n は，つぎの平均と分散を持つ正規分布に従うとする。

$$E(X_n) = \frac{1}{2^n}$$
$$V(X_n) = \frac{1}{3^n}$$

このとき

$$Y_n = X_1 + X_2 + \cdots + X_n$$

は法則収束する。実際 Y_n の特性関数を $\varphi_n(t)$ とすれば $\{X_n\}$ の独立性から

$$\varphi_n(t) = \prod_{k=1}^n \exp\left(-\frac{V(X_k)t^2}{2}\right) \exp(itE(X_n))$$
$$\to \exp\left(-\frac{t^2}{4}\right) \exp(it)$$

となるが，最後の式は平均 1，分散 1/2 の正規分布の特性関数であるから，定理 6.3 から法則収束が示された。

注意 6.3 定理 6.3 では，特性関数の列 $\{\varphi_n(t)\}$ がある特性関数 $\varphi(t)$ に収束することを仮定しているので，t についての収束は各点収束でよい。特性関数の例 $\{\varphi_n(t)\}$ がある関数に収束するが，その収束先がなにかの確率変数の特性関数になっているかどうかわからない場合には，各点の収束だけでは十分ではない。原点 $t=0$ の近傍での一様収束がいえると十分であることが知られている。すなわち，原点の近傍での一様収束性も仮定すれば，特性関数の例の収束先が，ある特性関数になっていることが知られている（**レビーの定理** (Levy's theorem))。

例 6.6 具体的な例として

$$p_n(x) = \begin{cases} \dfrac{1}{2n} & (|x| < n) \\ 0 & (\text{上記以外}) \end{cases}$$

のとき，特性関数は
$$\varphi_n(t) = \frac{\sin nt}{nt}$$
となる。$n \to \infty$ においては
$$\lim_{n \to \infty} \varphi_n(t) = \begin{cases} 1 & (t = 0) \\ 0 & (t \neq 0) \end{cases}$$
となり，各点で収束するが，原点の近くでは一様収束しない。また特性関数の収束先は，ある確率密度関数の特性関数ではない。また，$p_n(x)$ は，どんな確率分布にも法則収束しない。

6.3 中心極限定理とは

6.2節で法則収束の概念に慣れることができただろうか。それでは中心極限定理について述べよう。

実数に値を取る確率変数 X の平均 $E(X)$ と，分散 $V(X)$ が有限であるとする。X と同じ確率分布に従う独立な確率変数 $X_1, X_2, \cdots, X_n$ が与えられたとき，大数の法則から
$$Y_n = \frac{X_1 + X_2 + \cdots + X_n}{n}$$
は X の平均値 $E(X)$ に確率収束する。収束
$$Y_n \to E(X)$$
の速さはどれくらいだろうか。確率変数 $Y_n - E(X)$ の分散は $V(X)/n$ であり，n に反比例して小さくなっていく。そこで
$$\begin{aligned} Z_n &= \sqrt{n}(Y_n - E(X)) \\ &= \frac{1}{\sqrt{n}} \sum_{i=1}^{n} (X_i - m) \end{aligned}$$
を考えると，Z_n の分散は $V(X)$ であり，n に依存せずつねに一定値である。**中心極限定理** (central limit theorem) は，この Z_n が正規分布に法則収束す

定理 6.4

確率変数 X は平均が 0 で分散が σ^2 であるとする。$X_1, X_2, \cdots, X_n$ が独立であり，X と同じ分布に従うとき

$$Z_n = \frac{1}{\sqrt{n}} \sum_{k=1}^{n} X_k$$

は，平均が 0 で，分散が σ^2 の正規分布に従う確率変数 Z に法則収束する。すなわち，任意の有界連続関数 f について

$$\lim_{n\to\infty} E\left(f\left(\frac{1}{\sqrt{n}} \sum_{k=1}^{n} X_k\right)\right) = E(f(Z))$$

が成り立つ。

この定理 6.4 は，任意の有界連続関数 $f(x)$ について，積分値

$$\begin{aligned} G(n) = \iint \cdots \int f\left(\frac{x_1 + x_2 + \cdots + x_n}{\sqrt{n}}\right) \\ \times p(x_1)p(x_2)\cdots p(x_n) dx_1 dx_2 \cdots dx_n \end{aligned} \tag{6.1}$$

が積分値

$$G = \int_{-\infty}^{\infty} f(x) \frac{1}{\sqrt{(2\pi\sigma^2)^{1/2}}} \exp\left(-\frac{x^2}{2\sigma^2}\right) dx \tag{6.2}$$

に収束するということを述べている。

証明 定理 6.3 を用いると，法則収束を示すためには，特性関数の各点での収束を示せばよい。Z_n の特性関数を $\varphi_n(t)$ とおく。$X_1, X_2, \cdots, X_n$ について平均を取る操作を E と書くと

$$\begin{aligned} \varphi_n(t) &= E(\exp(itZ_n)) \\ &= E\left(\exp\left(\frac{it}{\sqrt{n}} \sum_{k=1}^{n} X_k\right)\right) \\ &= E\left(\prod_{k=1}^{n} \exp\left(\frac{itX_k}{\sqrt{n}}\right)\right) \\ &= E\left(\exp\left(\frac{itX}{\sqrt{n}}\right)\right)^n \end{aligned}$$

となる。ここで $X_1, X_2, \cdots, X_n$ の独立性を用いた。この値をさらに計算してみよう。実数 s の関数 $g(s)$ を

$$g(s) = \begin{cases} \dfrac{e^{is} - 1 - is}{(is)^2/2} & (s \neq 0) \\ 1 & (s = 0) \end{cases}$$

とおくと，$g(s)$ は連続であり

$$e^{is} = 1 + is - \frac{s^2}{2} g(s)$$

である。また $|s| > 1$ において

$$|g(s)| \leq \frac{|s| + 2}{|s|^2}$$

であるから，$|g(s)|$ は有界関数である。さて

$$\exp\left(\frac{itx}{\sqrt{n}}\right) = 1 + \frac{itx}{\sqrt{n}} - \frac{t^2 x^2}{2n} g\left(\frac{tx}{\sqrt{n}}\right)$$

であるから

$$E\left(\exp\left(\frac{itX}{\sqrt{n}}\right)\right) = 1 - \frac{t^2}{2n} E\left(X^2 g\left(\frac{tX}{\sqrt{n}}\right)\right)$$

である。t を固定すると，各 x について $n \to \infty$ において

$$g\left(\frac{tx}{\sqrt{n}}\right) \to 1$$

であるから積分と極限が交換できるので

$$E\left(X^2 g\left(\frac{tX}{\sqrt{n}}\right)\right) \to E(X^2) = \sigma^2$$

したがって

$$\lim_{n \to \infty} \varphi_n(t) = \lim_{n \to \infty} \left(1 - \frac{t^2 \sigma^2}{2n}\right)^n$$
$$= \exp\left(-\frac{\sigma^2 t^2}{2}\right)$$

となる。最後の式は，平均 0，分散 σ^2 の正規分布の特性関数である。したがって定理 6.3 を用いれば証明ができた。本書では定理 6.3 の証明を述べていないので，中心極限定理が成り立つ理由をつけ加えておく。$f(x)$ のフーリエ変換を $\hat{f}$ とする。逆フーリエ変換

$$f(x) = \frac{1}{2\pi} \int \hat{f}(t) \exp(-itx) dt$$

を式 (6.1) で表される積分値に代入すれば

$$G(n) = \int \int \cdots \int \left(\int \hat{f}(t) \exp\left(\frac{-it}{\sqrt{n}}(x_1 + x_2 + \cdots + x_n)\right) dt\right)$$
$$\times p(x_1) p(x_2) \cdots p(x_n) dx_1 dx_2 \cdots dx_n$$

$$= \int \hat{f}(t) \left(\int \exp\left(-\frac{itx}{\sqrt{n}}\right) p(x) dx \right)^n dt$$

となる．上で証明した特性関数の収束 $\varphi_n(t) \to \exp(-\sigma^2 t^2/2)$ より

$$\lim_{n\to\infty} G(n) = \int \hat{f}(t) \exp\left(-\frac{\sigma^2 t^2}{2}\right) dt$$

が成り立つ．ところで定理 4.4 から最後の積分値は G に等しい． ♠

例 6.7 中心極限定理の意味を図示してみよう．

$$Y_n = \frac{1}{n} \sum_{k=1}^{n} X_k$$

の確率密度関数は，n が少ないうちは X の確率密度関数に依存してさまざまな形状を取り得るが，n の数が増えるにつれて標準偏差が $1/\sqrt{n}$ のオーダで小さくなっていく．また，その形は正規分布に近づいていく．サンプルから真の平均 $E(X)$ を実験的に知ろうとするとき，標準偏差を $1/2$ にするためには，サンプル数 n を 4 倍に，標準偏差を $1/3$ にするためには，サンプル数 n を 9 倍にする必要がある (図 **6.1**)．

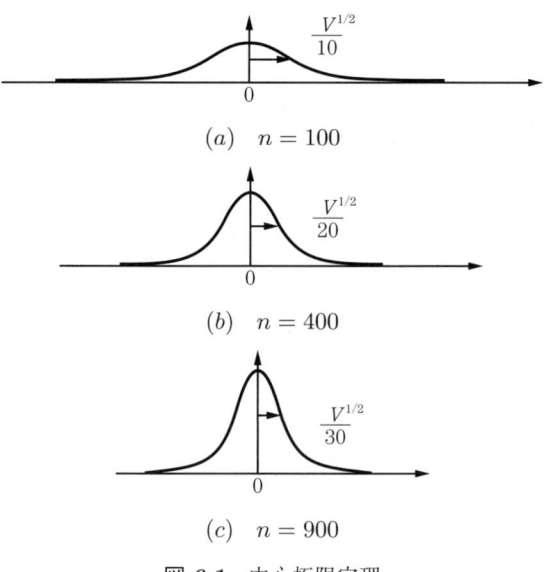

(a) $n = 100$ — $\frac{V^{1/2}}{10}$

(b) $n = 400$ — $\frac{V^{1/2}}{20}$

(c) $n = 900$ — $\frac{V^{1/2}}{30}$

図 **6.1** 中心極限定理

注意 6.4 定理 6.4 は，確率変数 X の平均と分散が有限であれば，X の確率密度関数 $p(x)$ が連続でなくても成り立つ．実際，確率 a $(0 < a < 1)$ で表が出るコインを独立に n 回ふったとき，表が出た回数を Y とする．Y は，一般化された確率密度関数

$$p_n(y) = \sum_{r=0}^{n} {}_n\mathrm{C}_r a^r (1-a)^{n-r} \delta(y-r)$$

に従うが

$$Z = \sqrt{n}\left(\frac{Y}{n} - a\right)$$

は，平均 0 で分散が $a(1-a)$ の正規分布に法則収束する．

例 6.8 表と裏が 0.5 の確率で出るコインを毎回独立にふることを考える．100 回コインをふって 60 回以上表が出る確率とほぼ同じ確率は，つぎのうちのどれか．

 (1) 10 000 回コインをふって 6 000 回以上表が出る．
 (2) 10 000 回コインをふって 5 600 回以上表が出る．
 (3) 10 000 回コインをふって 5 100 回以上表が出る．
 (4) 10 000 回コインをふって 5 060 回以上表が出る．
 (5) 10 000 回コインをふって 5 010 回以上表が出る．

例 6.9 平均 m，分散 σ^2 の確率変数 X について，独立な試行を n 回行うことを考える．得られる結果を $X_1, X_2, \cdots, X_n$ とする．このとき

$$Y_n = \frac{X_1 + X_2 + \cdots + X_n}{n}$$

を考えよう．n が十分大きいときには

$$\frac{\sqrt{n}(Y_n - m)}{\sigma} \tag{6.3}$$

は平均 0，分散 1 の正規分布（標準正規分布）に従うと考えてよい．標準正規分布を $p_0(x)$ と書くと

$$\int_{-3}^{3} p_0(x)dx > 0.99$$

であるから

$$-3 < \frac{\sqrt{n}\,(Y_n - m)}{\sigma} < 3$$

が成り立つ確率は 0.99 以上である。すなわち

$$Y_n - \frac{3\sigma}{\sqrt{n}} < m < Y_n + \frac{3\sigma}{\sqrt{n}} \tag{6.4}$$

が成り立つ確率は 0.99 以上である。このように，標準正規分布を元にして，サンプル平均の取り得る値の範囲を定めたいときには式 (6.3) の変換を用いるとわかりやすい。なお，式 (6.4) において，確率的にばらつくのは Y_n であって，m ではない。真の平均値 m を推測したいと思うときには，Y_n が確定した値で m が未知なものなのであるが … 。

質問 6.1 中心極限定理がなにを主張しているかについては理解したと思うのですが，なぜ成り立つのか，心情的に納得することができません。直感的にわかるような説明はできないでしょうか。

答え 6.1 定理の主張を読み，証明や説明を理解したにもかかわらず，納得しにくいものというものは時々あるようです。とてもよい機会だと思いますので，納得いくまで自分であれこれ考えてみるとよいでしょう。そのとき，地道な話ですが，つぎのようにするのが一番いいと思います。

  (a) まず中心極限定理は確率変数の収束を述べたものではなく，確率分布の収束を述べたものであることを認識して下さい。確率変数が等しいことと確率分布が等しいことは，まったく違うことですが，この区別がついていない人も多いようです。

  (b) 特性関数について思いを巡らして，確率分布と特性関数が 1 対 1 に対応することから，「確率分布が収束すること」と「特性関数が収束すること」が同じであることを心情的にも納得して下さい。

  (c) 中心極限定理で考えている特性関数が正規分布の特性関数に収束することは，簡単な計算なので問題ないでしょう。

これでも納得できない場合は，コンピュータシミュレーションを行ってみるというのもよいかもしれません．一様分布から発生した独立なサンプルでも，驚くほど早く正規分布に近づいていくのが実感できますよ．ただし，シミュレーションだけで納得することは，一般的にとても危険なこともお忘れなく．

章 末 問 題

【1】 実数に値を取る確率変数 X が，確率密度関数 $p(x)$ に従うとする．X と同じ確率密度関数に従う独立な確率変数 $X_1, X_2, \cdots, X_n$ を考える．実数から実数への可測関数 f が与えられたとき確率変数

$$Y = \frac{1}{n}\sum_{i=1}^{n} f(X_i)$$

の平均と分散を求めよ．また n が大きくなるとき Y は，どのような確率変数に近づいていくか．

【2】 表が出る確率が p のコインがあって，確率 p を知りたい．10 000 回サイコロを独立にふったら，3 500 回表が出た．

(a) p についてどのようなことがわかるか．

(b) p について，この実験よりも 2 倍の精度で正確に知りたいと思ったとき，何回サイコロをふる必要があるか．

【3】 N 次元ユークリッド空間 $\boldsymbol{R}^N$ 上の関数 $f(x)$ が与えられたとき積分値

$$S = \int f(x)dx$$
$$= \int\int \cdots \int f(x_1, x_2, \cdots, x_N)dx_1 dx_2 \cdots dx_N$$

を近似計算したい．N 次元正規分布

$$p(x) = \frac{1}{(2\pi)^{N/2}} \exp\left(-\frac{\|x\|^2}{2}\right)$$

に従う確率変数を X とすると

$$S = \int \frac{f(x)}{p(x)} p(x)dx$$
$$= E\left(\frac{f(X)}{p(X)}\right)$$

である．X と同じ分布に従う独立な n 個のサンプル $X_1, X_2, \cdots, X_n$ が得ら

れたとき
$$S_n = \frac{1}{n}\sum_{i=1}^{n} \frac{f(X_i)}{p(X_i)}$$
とすれば，n が大きくなるとき S_n は S に確率収束するから S_n を S の近似値と考えてよいだろう。この近似法の精度について論じよ。例えば
$$S - S_n$$
は，どのような確率分布に従うか。このような積分の近似計算法を**モンテカルロ法** (Monte Carlo method) という。

7 カルバック情報量

情報学においては，二つの確率変数の挙動がどの程度似ているかを数量的に調べたい場合が多くある．どのくらい似ているのかを数量的に与えることができると，これを用いて未知の確率変数について推測したり，実現の難しい確率変数を模倣することができるからである．本章では，そのような場合に有用な概念であるカルバック情報量について述べる．

7.1 カルバック情報量の定義と性質

N 次元ユークリッド空間上に定義された確率密度関数 $p(x)$ から $q(x)$ までの**カルバック情報量** (Kullback information) を

$$D(p||q) = \int p(x) \log \frac{p(x)}{q(x)} dx$$

と定義する．一般にはカルバック情報量が有限確定値になるとは限らないが，以下では，有限確定値になる場合について考える．特に $p(x), q(x) > 0$ であり，$p(x), q(x)$ が連続関数である場合を考える．

定理 7.1

カルバック情報量についてつぎの性質が成り立つ．

(1) 任意の確率密度関数 $p(x), q(x)$ について $D(p||q) \geq 0$
(2) $D(p||q) = 0$ ならば，$p(x) = q(x)$

証明 $p(x), q(x)$ は確率密度関数なので

$$\int_{\boldsymbol{R}^N} p(x)dx = \int_{\boldsymbol{R}^N} q(x)dx \\ = 1 \tag{7.1}$$

が成り立つことに注意する。$t(>0)$ の関数 $F(t)$ を

$$F(t) = \log t + \frac{1}{t} - 1 \tag{7.2}$$

と定義すると，$F(t)$ は連続関数であり

$$F'(t) = \frac{t-1}{t^2}$$

なので $t=1$ で最小値 0 を取る。したがってつねに $F(t) \geqq 0$ であり，$F(t) = 0 \iff t = 1$ が成り立つ。さて，式 (7.1) よりカルバック情報量は

$$D(p||q) = \int p(x) F\left(\frac{p(x)}{q(x)}\right) dx$$

である。$p(x), q(x)$ は連続関数と仮定したから，$F(p(x)/q(x)) > 0$ となるような x が存在すれば，その点の近傍に限定した積分値も正値となる。したがって，$D(p||q) = 0$ ならば，すべての $x \in \boldsymbol{R}^N$ において $F(q(x)/p(x)) = 0$。これより (1),(2) が得られた。♠

例 7.1　二つの正規分布

$$p_1(x) = \frac{1}{(2\pi\sigma_1^2)^{1/2}} \exp\left(-\frac{(x-m_1)^2}{2\sigma_1^2}\right)$$

$$p_2(x) = \frac{1}{(2\pi\sigma_2^2)^{1/2}} \exp\left(-\frac{(x-m_2)^2}{2\sigma_2^2}\right)$$

のカルバック距離を計算してみよう。確率密度関数 $p_1(x)$ に従う確率変数を X とし，X に関する平均を $E(\ )$ と書くことにすれば

$$\begin{aligned} D(p_1||p_2) &= E\left(\log \frac{p_1(X)}{p_2(X)}\right) \\ &= E\left(-\log \frac{\sigma_1}{\sigma_2} - \frac{(X-m_1)^2}{2\sigma_1^2} + \frac{(X-m_2)^2}{2\sigma_2^2}\right) \\ &= \frac{1}{2}\left(\log \frac{\sigma_2^2}{\sigma_1^2} + \frac{\sigma_1^2}{\sigma_2^2} - 1\right) + \frac{(m_1-m_2)^2}{2\sigma_2^2} \\ &= \frac{1}{2} F\left(\frac{\sigma_2^2}{\sigma_1^2}\right) + \frac{(m_1-m_2)^2}{2\sigma_2^2} \end{aligned}$$

となる。ここで F は式 (7.2) で定義した関数である。これより

$$D(p_1||p_2) = 0 \iff m_1 = m_2, \ \sigma_1 = \sigma_2$$

が成り立つ。この例からもわかるとおり，$D(p_1||p_2)$ は $p_1(x)$ と $p_2(x)$ の入替えについて対称的ではないことに注意しよう。

注意 7.1 例 7.1 では実数上の確率密度関数についてのカルバック情報量を定義したが，有限集合あるいは可算集合 Ω 上の確率関数 p, q が与えられたときにも同様に定義できる。任意の $\omega (\in \Omega)$ について $p(\omega), q(\omega) > 0$ とする。カルバック情報量は

$$D(p||q) = \sum_{\omega \in \Omega} p(\omega) \log \frac{p(\omega)}{q(\omega)}$$

と定義される。上記と同様の性質を持つことは明らかであろう。

例 7.2 $0 < a, b < 1$ とする。$\Omega = \{0, 1\}$ 上の確率関数

$$p_1(0) = a, \quad p_2(1) = 1 - a$$

と

$$p_2(0) = b, \quad p_2(1) = 1 - b$$

のカルバック情報量は

$$D(p_1||p_2) = a \log \frac{a}{b} + (1-a) \log \frac{1-a}{1-b}$$

である。この値を $f(b)$ とおいて b で微分すると

$$\begin{aligned} f'(b) &= -\frac{a}{b} + \frac{1-a}{1-b} \\ &= \frac{b-a}{b(1-b)} \end{aligned}$$

なので，$f(b)$ は $b = a$ において最小値 0 を取る。

つぎに二つ以上の変数がある場合のカルバック情報量を考えよう。同時確率密度関数 $p(x, y), q(x, y)$ は，条件つき確率を用いて $p(x, y) = p(y|x)p(x)$,

$q(x,y) = q(y|x)q(x)$ と書くことができるのであった．カルバック情報量を，同時確率密度関数，条件つき確率密度関数，周辺確率密度関数について，それぞれ

$$D(p(x,y)||q(x,y)) = \int\int p(x,y) \log \frac{p(x,y)}{q(x,y)} dxdy$$

$$D(p(y|x)||q(y|x)) = \int\int p(x)p(y|x) \log \frac{p(y|x)}{q(y|x)} dxdy$$

$$D(p(x)||q(x)) = \int p(x) \log \frac{p(x)}{q(x)} dx$$

と定義すると，定義からすぐに

$$D(p(x,y)||q(x,y)) = D(p(y|x)||q(y|x)) + D(p(x)||q(x))$$

が得られる．これより特に X と Y が独立な場合，すなわち

$$p(x,y) = p(x)p(y), \quad q(x,y) = q(x)q(y)$$

の場合には

$$D(p(x,y)||q(x,y)) = D(p(y)||q(y)) + D(p(x)||q(x))$$

であることがわかる．

例 7.3 $f(x), g(x)$ を $\boldsymbol{R}^1$ 上の関数とし，$r(x)$ を $\boldsymbol{R}^1$ 上の確率密度関数とする．$\boldsymbol{R}^2$ 上の二つの同時確率密度関数

$$p(x,y) = \frac{1}{\sqrt{2\pi}} \exp\left(-\frac{(y-f(x))^2}{2}\right) r(x)$$

$$q(x,y) = \frac{1}{\sqrt{2\pi}} \exp\left(-\frac{(y-g(x))^2}{2}\right) r(x)$$

のカルバック情報量は

$$D(p||q) = \int\int \frac{1}{\sqrt{2\pi}} \exp\left(-\frac{(y-f(x))^2}{2}\right) r(x) \log \frac{p(x,y)}{q(x,y)} dxdy$$

$$= \frac{1}{2} \int (f(x) - g(x))^2 r(x) dx$$

である．これは二つの関数 $f(x), g(x)$ の 2 乗誤差である．$p(x,y)$ から独立に得られた n 個の実現値

$(x_1, y_1), (x_2, y_2), \cdots, (x_n, y_n)$

が与えられたとき，関数 $g(x)$ の2乗誤差を

$$E(g) = \frac{1}{2n} \sum_{i=1}^{n} (y_i - g(x_i))^2$$

と定義する。n が十分大きいと仮定して大数の法則が利用できるとすると

$$\begin{aligned} E(g) &\cong \frac{1}{2} \int \int (y - g(x))^2 p(x,y) dx dy \\ &= \frac{1}{2} \int (f(x) - g(x))^2 r(x) dx + \frac{1}{2} \\ &= D(p||q) + \frac{1}{2} \end{aligned}$$

となる。すなわちカルバック情報量は2乗誤差を一般化した概念であると考えてよい。

注意 7.2 二つの確率変数の差違 $D(p||q)$ は，歴史的には統計物理学の創始者ボルツマンによって考案された。情報理論や統計学において非常に重要な役割りを果たすことが知られるようになったのは20世紀になってからである。物理学においては **相対エントロピー** (relative entropy) と呼ばれる。より一般の確率測度 P, Q に対しても

$$D(P||Q) = \int dP \log \frac{dP}{dQ}$$

が有限であれば定義される。ここで dP/dQ などの定義は，将来，より進んだ確率論で出会うことになるだろう。

7.2 確率変数の推測

二つの確率密度関数の違いを数量的に知りたいとき，カルバック情報量だけではなく，もっとほかのものを考えることもできる。例えば

$$H(p||q) = \int (p(x)^{1/2} - q(x)^{1/2})^2 dx$$

のようなものを考えてもよい。それでは，なぜカルバック情報量が重要なのだろうか。それはカルバック情報量が情報学的に操作可能な量であって，カルバック情報量を基礎としてさまざまなアルゴリズムが導出されるからである。

未知の確率密度関数 $p(x)$ に従う確率変数から独立に n 個の実現値を観測した場合を考えよう。それらを $x_1, x_2, \cdots, x_n$ とする。以下，$p(x)$ を真の密度関数と呼ぶ。情報学においては，多くの場合，観測結果 $x_1, x_2, \cdots, x_n$ は与えられるが，真の密度関数 $p(x)$ は不明であることが多い。

そこで，「真の確率密度関数が $q(x)$ ではないか」と推測したとしよう。その推測がどの程度正しいかを数量的に測ることはできないだろうか。あるいは，二つの確率密度関数 $q_1(x)$ と $q_2(x)$ のどちらが真の確率密度関数 $p(x)$ に近いかを比較する方法はないだろうか。

この問題が難しい点は，観測結果が与えられるだけで，真の確率密度関数は不明なところにある。すなわち $p(x)$ と $q(x)$ を直接に比較することはできない。

このようなとき役立つのがカルバック情報量である。

つぎの $L(q)$ を考えよう。

$$L(q) = \prod_{i=1}^{n} q(x_i)$$

すると

$$\frac{1}{n} \log L(q) = \frac{1}{n} \sum_{i=1}^{n} \log q(x_i)$$

であるから大数の法則を用いると

$$\frac{1}{n} \log L(q) \cong \int p(x) \log q(x) dx$$
$$= -D(p||q) + \int p(x) \log p(x) dx$$

となる。$\int p(x) \log p(x) dx$ は未知ではあるが，真の $p(x)$ だけで定まり $q(x)$ に依存しないので

$$L(q) \text{ を大きくする } q \Leftrightarrow D(p||q) \text{ を小さくする } q$$

であることがわかる。これから

(1) 真の密度関数 $p(x)$ がわからなくても，実現値だけから，$q(x)$ が $p(x)$ に近いかどうかについての相対値を知ることができる．
(2) 特に $L(q_1)$ と $L(q_2)$ を比較することで，$q_1(x)$ と $q_2(x)$ のどちらがより $p(x)$ に近いかを知ることができる (図 **7.1**(a))．

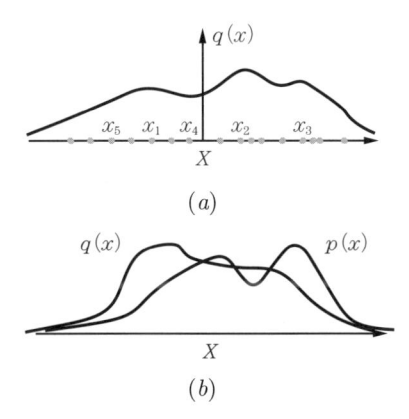

図 7.1 カルバック情報量の二つの使い方

注意 7.3 「$L(q)$ が大きくなること」と「$D(p||q)$ が小さくなること」の等価性を示すのに大数の法則を用いたことに注意しよう．n が有限である場合には，この等価性は「おおよそ」の意味で成り立つことである．では，この「おおよそ」は，どれくらい「おおよそ」であるのだろうか．読者には，ぜひ，この疑問を心に持ち続けてもらいたい．なぜなら，この「おおよそ」を明らかにするものが統計学であり，情報理論であるからである．

7.3 確率変数の実現

近年，人工知能や情報システムの構築において，多くの変数の間の複雑な関係をコンピュータで実現する必要性が高まっている．その際に，必要になる課題は，つぎのようなものである．

N 次元ユークリッド空間 $\boldsymbol{R}^N$ の要素 $x \in \boldsymbol{R}^N$ から実数への関数 $E(x)$ が与

えられたとき，確率密度関数

$$p(x) = \frac{1}{Z}\exp(-E(x))$$

に従う確率変数を実現せよ。ここで Z は定数

$$Z = \int \exp(-E(x))dx$$

である。

例 7.4 一般に $x = (x_1, x_2, \cdots, x_N)$ が高次元空間の場合には，$E(x)$ が与えられても $p(x)$ を実現することは容易ではない。そこで，計算機によって実現しやすい確率密度関数の集合

$$Q = \{q(x)\}$$

の中から，できるだけ $p(x)$ に近いものを選び出すことを考えよう。例えば Q として，$\{x_k\}$ が独立な確率密度関数の族を考えることがよく行われる。すなわち

$$q(x) = q_1(x_1)\, q_2(x_2) \cdots q_N(x_N)$$

のような確率密度関数全体の集合を Q とする。もしも定数 Z が計算できたとすれば，例えば

$$\int \left| \frac{e^{-E(x)}}{Z} - q(x) \right| dx$$

を最小にするような $q(x)$ を探せばよい。ところが，大多数のケースで Z を計算することは容易ではないのである。実際，Z は，$p(x)$ に従う確率変数 X について

$$Z(t) = E(e^{tX})$$

において $t = 1$ とおいたものに相当する。$Z(t)$ はモーメント母関数であり，$p(x)$ についてのすべての情報を含んでいるが，だからこそ，この値は，容易に算出することができない。

そこで，問題は次ページのようになる。

Z が計算できない場合でも，与えられた $E(x)$ だけを使って $p(x)$ を模倣できる方法を作れ

このときカルバック情報量をつぎのように用いることができる．定義から

$$D(q||p) = \int q(x) \log \frac{q(x)}{e^{-E(x)}/Z} dx$$
$$= \int q(x)(\log q(x) + E(x))dx + \log Z$$

となる．$\log Z$ は定数であるから，与えられた $E(x)$ に対して

$$\int q(x)(\log q(x) + E(x))dx$$

を小さくする関数 $q(x)$ を探し出すと，$p(x)$ を模倣することができる（図 7.1(b)）．以上のことを定理の形でまとめると定理 7.2 のようになる．

定理 7.2

関数 $E(x)$ が与えられたとき，$p(x) = e^{-E(x)}/Z$ とすれば

$$D(q||p) = \int q(x)(\log q(x) + E(x))dx + \log Z$$

が成り立つ．特に

$$F = -\log Z$$
$$F^* = \min_{q(x) \in Q} \int q(x)(\log q(x) + E(x))dx$$

とするとき

$$F^* - F = \min_{q \in Q} D(q||p)$$

が成り立つ．

定理 7.2 はつぎのことを主張している．

「確率分布の集合 Q の中からカルバック情報量の意味で最も $p(x)$ に近いものを見つけること」は「$\int q(x)(\log q(x) + E(x))dx$ を最小にする $q \in Q$ を見つけること」と同じである．

例 7.5 例えば

$$E(x,y) = x^2 y^2 + \frac{x^2 + y^2}{2} \tag{7.3}$$

として

$$p(x,y) = \frac{1}{Z} \exp(-E(x,y))$$

をパラメータ σ を持つ確率密度関数

$$q(x,y) = \frac{1}{2\pi\sigma^2} \exp\left(-\frac{x^2 + y^2}{2\sigma^2}\right)$$

で近似してみよう。$q(x,y)$ に従う確率変数を (X,Y) と書き，(X,Y) についての平均を $E(\ )$ と書くことにすれば

$$\begin{aligned}D(q||p) &= E\left(\log \frac{q(X)}{p(X)}\right) \\ &= E\left(-\log(2\pi\sigma^2) - \frac{X^2 + Y^2}{2\sigma^2} + E(X,Y)\right) + \log Z \\ &= -2\log\sigma + \sigma^4 + \sigma^2 - 1 - \log(2\pi) + \log Z\end{aligned}$$

となる。これを最小にする σ は右辺の微分が 0 になる点を求めることで得ることができ，$\sigma = 1/\sqrt{2}$ である。

注意 7.4 このようにして，Z の値がわからなくても，$q(x)$ を用いて $p(x) = e^{-E(x)}/Z$ を模倣する方法が与えられた。それでは，この方法によってどの程度よい模倣ができているのだろうか。しかしながら $D(q||p)$ を知るためには Z を求める必要がある。すなわち，つぎの言明が成り立つ。

近似のよさは近似理論の中では知ることはできない

カルバック情報量は，複雑な情報システムをコンピュータで実現するときに用いられているが，カルバック情報量から導出されるアルゴリズムのよさの評価を与えることは一般に容易ではない。カルバック情報量を基盤とするアルゴリズムはきわめて広く使われているので，その評価を与える理論を与えることは，これからの情報学において大切な役割を果たすであろう。

質問 7.1 カルバック情報量がたいへん役立つことはよくわかりました。実用上で注意する点などあったら教えて下さい。

答え 7.1 本章の二つの例でも紹介したように，カルバック情報量は，なにかを推測したり模倣したりしたいにもかかわらず，その目標となるものが明示的には与えられていないような状況でたいへん強力です。注意するべき点は，まさしく，その長所にこそあります。つまり目標となるものが明示的に与えられないにもかかわらず，その目標に到達するようなアルゴリズムが作れますが，目標となるものがわからないので，「どの程度まで目標に到達したか」は，やはり，わからないままなのです。つまりアルゴリズムは作れるのですが，アルゴリズムのよさを知ることができません。このため，カルバック情報量を利用することで作られる情報システムについて，その信頼性の確認がなされずに実用に供されていることがしばしば起こります。カルバック情報量を用いたアルゴリズムに出会うとき，その正確さを問う習慣を身につけておくとよいでしょう。

章 末 問 題

【1】 定数 $0 < a, b < 1$ が与えられたとする。集合 $\{0, 1, 2, \cdots, n\}$ 上の二つの2項分布

$$p(r) = {}_nC_r\, a^r(1-a)^{n-r}$$

$$q(r) = {}_nC_r\, b^r(1-b)^{n-r}$$

のカルバック距離を $D(p||q)$ とすると，a, b の関数 $f(a, b)$ が存在して

$$D(p||q) = nf(a, b)$$

と書けることを示せ。また $f(a, b)$ を求めよ。

【2】 平均が 0 で，分散が 1 の正規分布を $p(x)$ とし，$p(x)$ に従う独立な確率変数を $X_1, X_2, \cdots, X_n$ とする。平均が a で，分散が 1 の正規分布を $q_a(x)$ とする。

$$L(a) = \prod_{i=1}^{n} q_a(X_i)$$

とするとき，$L(a)$ を最大にする a を a^* とする。
(a) a^* は確率変数である。$X_1, \cdots, X_n$ を用いて a^* を表せ。
(b) a^* の平均と分散を求めよ。

【3】 例 7.5 において，式 (7.3) の代わりに $E(x,y)$ がつぎのように与えられる場合を考える。
$$E(x,y) = nx^2y^2 + \frac{x^2+y^2}{2}$$
ここで $n > 0$ とする。$\log Z$ の値は，n によらず，つぎの不等式を満たすことが知られている。
$$\left|\log Z - \frac{1}{2}\log n - \log\log n\right| \leq C$$
ここで C は n に依存しない定数である。n が十分大きいとき，例 7.5 による確率密度関数の近似精度がどの程度であるかを論じよ。

8 参考文献の紹介

ここでは第 I 部で述べた確率論についてさらに進んで学びたい人に，いくつか文献を紹介する．

確率論を確実に学ぶためには，ルベーグ測度論を学ぶのがよい．またルベーグ積分から確率論へのつながりが書かれている本も多い．出版物としては，例えば

1) 伊藤清三：ルベーグ積分入門，裳華房 (1963)
2) 佐藤　担：はじめての確率論 測度から確率へ，共立出版 (1994)
3) 志賀徳造：ルベーグ積分から確率論，共立講座 21 世紀の数学，共立出版 (2000)

などがある．このほかにもよい本は多いので，書店などで自分の手にとって見ることをおすすめする．情報学に関連する研究者や技術者にとってルベーグ積分と確率論は必要不可欠なものであるが，可測でない集合の構成など，初めて習う人にとっては難しい箇所も含まれているので，大学における講義を聞きながら読み進めるのがよいであろう．

つぎに確率論の教科書としては

4) 西尾真喜子：確率論，実教出版 (1978)
5) 伊藤　清：確率論，岩波基礎数学選書，岩波書店 (1991)
6) 福島正俊：確率論，裳華房 (1998)
7) 国沢清典：確率論とその応用，岩波全書，岩波書店 (1982)

などがある．確率論についても多くの良書があるので，図書館や書店で，いくつかを比較していただきたい．4), 5) は定評のある教科書である．6), 7) は確

率過程などの発展的な内容についても述べられている。

測度論や確率論を学ぶとき，超関数論についても学んでおくと，のちのちたいへんに役立つ。

つぎの本は，初等的な知識で読めるレベルから書いてあるが，高度な内容まで到達しており，超関数論の強力さを十分に感じさせてくれるものである。

8) Gel'fand, I.M. and Shilov, G.E.（功力，井関，麦林 訳）：超関数論入門，I, II，共立全書，共立出版 (1964)

確率統計を初めて学ぶ時点ではフーリエ解析に出会ったことのない読者も多いと思われるが，つぎの本は，フーリエ解析やその周辺の話題について初めて触れる人に適すると思う。

9) 高橋陽一郎：実関数と Fourier 解析 I, II，岩波講座現代数学の基礎，岩波書店 (1998)

さて，情報学は情報技術の進歩とともに著しい変貌を遂げつつある。本書を読み終えた後にその様子を知りたいと思う読者にはつぎの二つのシリーズをすすめておく。

10) シリーズ・統計科学のフロンティア，岩波書店

11) シリーズ・データサイエンス，共立出版

情報学が扱おうとする対象が高度化・複雑化するにつれて，確率論や統計学にも新しい課題が提供されており，研究を始める若い読者が未来に解決するべき多くの問題がある。その場所において，確率統計に関する洞察力と解析能力とが最も頼りにできるものであることをつけ加えておこう。

II
統　　計

Statistics

9 統計的推測の考え方

確率論においては

> ある決まった確率法則のもとで,確率変数がどのような性質を持つかを考える

ということが議論の中心であるが,本章以降で扱う統計学においては

> ある確率法則に従うと考えられる確率変数の実現値(データ)を観測して,それを生成する確率法則についてなんらかの推測を行う

という,確率論とはちょうど反対のことを考えることになる.例えば,天候の予測のような問題では,過去の気象データを用いてモデルを構築しなくてはならないが,気象データだけでは説明できない不確定な部分を確率分布を用いて記述し,過去のデータを使って分布の推定を行い,得られた確率分布に基づいて予測を行うといった一連の流れが考えられる.こうした問題に限らず工学において直面する問題では,データを用いて確率モデルを推測し,そのモデルに基づいて予測や判別を行うといった統計的な問題設定が数多く現れる.本章では,こうした推測の問題を定式化し,その方法に望まれる性質や,良さをどのように評価すればよいかを考える.

9.1 統計における推定問題

推定の問題を定式化するために,まず以下のような例を考えてみよう.

例 9.1 水溶液の濃度を求める滴定問題のように,同じ条件のもとで繰り

返し測定される実験データを考えよう。データには測定ごとになんらかの誤差が生じる。滴定問題の場合は，上から落とす水溶液の一滴の量のばらつきや，濃度の微妙な不均一から起こるであろう色素の変化のタイミングのばらつきといったものが考えられるであろう。この偶然に変動するばらつきを確率変数と捉えることによって，観測されるデータについて

$$X_i \;\;=\;\; \theta \;\;+\;\; \varepsilon_i \quad (i=1,\cdots,n)$$
(確率変数)　(未知母数)　(誤差・偶然変動)

$$(9.1)$$

というような確率モデルを想定することができる。滴定問題の場合，未知母数 θ は実験で求めたい水溶液の本当の濃度に対応し，実験で得られる観測値は，この確率モデルで規定される確率変数の実現値であると考えられる。

さて以下では上で述べた簡単なモデル式 (9.1) において，実験を何回か行って得られる観測値 $X_1, X_2, \cdots, X_n$ から未知母数 θ を推定する方法を考える。数学的に扱いやすくするために，誤差 ε には以下のようないくつかの制約を課すことにする。

仮定 1　$\varepsilon_1, \cdots, \varepsilon_n$ はたがいに独立に分布する。

仮定 2　$\varepsilon_1, \cdots, \varepsilon_n$ は同じ分布に従う。

仮定 3　誤差の平均は 0，$E(\varepsilon_i) = 0$ $(i=1,\cdots,n)$ である。

仮定 4　誤差の分散は有界，$E(\varepsilon_i^2) < \infty$ $(i=1,\cdots,n)$ である。

それぞれの仮定は以下のような意味を持つことに注意しよう。

仮定 1　$\varepsilon_1, \cdots, \varepsilon_n$ はたがいに独立に分布する。

実験が十分注意深く行われているのであれば，この仮定は妥当なものであるといえるだろう。例えば，繰り返し実験し，測定を行う場合には，測定に前の実験の結果が影響するような方法は好ましくなく，実験の方法そのものを見直す必要があるということである。

仮定 2 $\varepsilon_1, \cdots, \varepsilon_n$ は同じ分布に従う。

この仮定は，各回の実験がきちんと同じ条件で行われることを意味している。もしなんらかの理由でずれるのであれば，ずれの原因を明示的にモデルに入れることを考えなくてはいけない。例えば，温度などによって実験結果が左右されることがわかっているのであれば，温度の影響を考慮した確率モデルを設定し，温度の測定も同時に行うといったことを考えなくてはいけない。

仮定 1 と 2 のように観測値がたがいに独立に同じ分布に従う場合，"**観測値は独立同一分布に従う**"，あるいは "**i.i.d.** (independently, identically distributed) **である**" といういい方をする。

仮定 3 誤差の平均は 0　$(E(\varepsilon_i) = 0 \quad (i = 1, \cdots, n)$

この仮定は誤差の影響に偏りがないことを主張している。もし，誤差の影響で必ず大きめの値が出てしまうことがわかっているのであれば，その偏りを補正することを考えなくてはいけない。

仮定 4 誤差の分散は有界，$E(\varepsilon_i^2) < \infty \quad (i = 1, \cdots, n)$

分散が有限であるというのは，大数の法則や中心極限定理などを使ってデータの性質を調べる際に必要となる条件で，いわば数学上の便宜である。実際の実験などでは測定装置の制約などから観測値が発散することはないので，実問題を考えるうえでは，それほど厳しい制約とはならないだろう。

以上の仮定を踏まえ，本章と次章では，滴定問題の例 9.1 であげたような単純な確率モデルを用いて，未知母数の推定の仕方を考える。仮定 1～4 のもとでは，この確率モデルに従う確率変数の平均値が未知母数 θ となるので，この問題は確率変数の平均値を推定する問題と考えることができる。まず本章では，よい推定の方法を考えるために大事ないくつかの概念を説明する。

9.2 推定量と推定値

統計では未知の母数を推定する方式を**推定量**(estimator) と呼び，通常未知母数に $\hat{}$ をつけて表す．つまり推定量

$$\hat{\theta} = \hat{\theta}(X_1, X_2, \cdots, X_n) \tag{9.2}$$

は，n 個の確率変数 $X_1, X_2, \cdots, X_n$ を観測し，それらを用いてどのように未知母数を推定するのか，その計算の仕方だけを決めたものである．ここで，推定量は確率変数 $X_1, X_2, \cdots, X_n$ の関数なので，推定量自体も確率変数であり，ある確率分布に従っていることに注意する．

一方，実際に実験をして $x_1, x_2, \cdots, x_n$ という実現値が観測されたとしよう．これらの実現値を式 (9.2) の推定量に代入して得られる値

$$\hat{\theta} = \hat{\theta}(x_1, x_2, \cdots, x_n) \tag{9.3}$$

を**推定値**(estimate) と呼ぶ．推定値は，確率変数である推定量の一つの実現値であり，もはや確率変数ではないことに注意する．

さて，前述の確率モデルにおける具体的な推定量を考えてみよう．

例 9.2 **標本平均**(sample mean)

$$\hat{\theta} = \frac{X_1 + X_2 + \cdots + X_n}{n}$$

観測される確率変数の算術平均で定義される推定量である．誤差に偏りがないのであれば，直観的にも標本平均 $\hat{\theta}$ は真の値である θ に非常に近い値になることが予想されるだろう．

例 9.3 **中央値**(median)

$$\hat{\theta} = (X_1, X_2, \cdots, X_n \text{ を大きさの順に並べたとき真ん中にくる値})$$

$$= \begin{cases} X_{(n+1)/2} & (n \text{ が奇数の場合}) \\ \dfrac{X_{n/2} + X_{n/2+1}}{2} & (n \text{ が偶数の場合}) \end{cases}$$

ただし，$\{X_{(i)}\}$ は観測値 $\{X_i\}$ を小さい順に並べ換えたもの (順序統計量と呼ばれることもある) である．誤差が正の側と負の側に均等に出るのであれば，θ をうまく近似することが想像できるであろう．

例 9.4 トリム平均(trimmed mean)

$\hat{\theta} = (X_1, X_2, \cdots, X_n$ を小さい順に並べ，小さいほうの m 個と大きいほうの m 個を捨てた算術平均)

$$= \frac{1}{n-2m} \sum_{i=m+1}^{n-m} X_{(i)}$$

極端に大きな，あるいは小さな値として現れる観測値を捨てることによって，そうした特異的な値による誤差の影響を取り除いたうえで平均を推定しようというものである．体操，フィギュアスケート，ジャンプといったスポーツ競技の採点法などでもこれと似た方法が採られている．

例 9.5 加重平均(weighted mean)

$$\hat{\theta} = c_1 X_1 + c_2 X_2 + \cdots + c_n X_n \quad \left(ただし, \sum_{i=1}^{n} c_i = 1 \text{ とする}\right)$$

各観測の重みを変えて平均を取ったものであり，観測値ごとに重要性が異なると考えていることになる．標本平均は c_i がみな同じ値の加重平均であり，また，中央値やトリム平均も並べ替えを行ったデータに対する特殊な加重平均と考えることができる．

例 9.6 幾何平均(geometric mean)

$$\hat{\theta} = (X_1 X_2 \cdots X_n)^{1/n} \quad (ただし X_1, X_2, \cdots, X_n \text{ は正の数とする})$$

一般に等比数列の真ん中の値を求めるための方法であるが，いまの問題で適当な方法であるかどうかは，後ほど考えることにする．

これらの推定量を例として，以下ではどういった性質を持つ推定方法がよいのかを考えていこう．

9.3 推定量の不偏性と分散

推定量に望まれる性質の一つに**不偏性**(unbiasedness) があり，これはつぎのように定義される．

定義 9.1

推定量 $\hat{\theta}$ が**不偏**であるとは，真の母数が θ であるときに，そこから得られた観測値に基づく推定値の平均値が真の母数 θ に一致すること
$$E(\hat{\theta}|\theta) = E^{X_1, X_2, \cdots, X_n}(\hat{\theta}(X_1, X_2, \cdots, X_n)|\theta) = \theta \qquad (9.4)$$
である．ただし，E^X は確率変数 X について平均を取ることを表すものとする．

例えば，同じ実験環境で A 君, B 君, $\cdots$, Z 君がそれぞれ個別に 10 回実験を行い，それぞれが実験結果

$\quad$ A 君: $x_1^{(A)}, x_2^{(A)}, \cdots, x_{10}^{(A)}$
$\quad$ B 君: $x_1^{(B)}, x_2^{(B)}, \cdots, x_{10}^{(B)}$
$\qquad \vdots$
$\quad$ Z 君: $x_1^{(Z)}, x_2^{(Z)}, \cdots, x_{10}^{(Z)}$

を得たとする．全員が同じ推定量 $\hat{\theta} = \hat{\theta}(X_1, X_2, \cdots, X_{10})$ を使い，θ の推定を行ったとしても，各人が実験結果として得たデータは異なるので，当然各人の得る推定値

$\quad \hat{\theta}^{(A)} = \hat{\theta}(x_1^{(A)}, x_2^{(A)}, \cdots, x_{10}^{(A)})$
$\quad \hat{\theta}^{(B)} = \hat{\theta}(x_1^{(B)}, x_2^{(B)}, \cdots, x_{10}^{(B)})$
$\qquad \vdots$
$\quad \hat{\theta}^{(Z)} = \hat{\theta}(x_1^{(Z)}, x_2^{(Z)}, \cdots, x_{10}^{(Z)})$

は別々のものとなる．個々に得られる推定値のばらつき方で推定量の善しあし

を考えたとき，推定値が真の母数 θ のまわりに偏りなくばらついたほうがよい方法であると考えるのが自然であろう。もし偏りがあり，例えば推定量の平均が真の値より大きくなってしまうのであれば，A君，B君，…，Z君の推定値の中で平均より大きい値が多いことになる。これは大きめの値を推定してしまう人が多くなってしまうことを意味し，推定方法としてはあまりよくないといえるだろう。推定方法に偏りがない場合には，推定量は不偏であるという（図 **9.1**）。

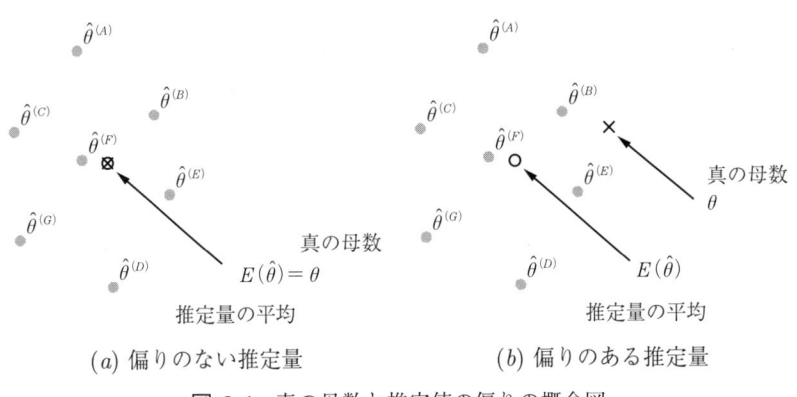

(a) 偏りのない推定量　　　　(b) 偏りのある推定量

図 **9.1** 真の母数と推定値の偏りの概念図

例 9.2〜9.6 としてあげた推定量の五つの例のうち，標本平均と加重平均は誤差の平均が 0 という条件だけで不偏になっている。中央値，トリム平均はいくつかのデータを切り捨てているが，分布が対称であれば不偏性が成り立つことが予想されるだろう。一方，幾何平均は，観測データを二つ用いるような簡単な例を考えてみれば，一般に不偏になっていないことが容易に確かめられるだろう。したがって，不偏性という観点から幾何平均はよい推定量ではないといえる。

さて平均値が正しい値になっていたとしても，そのばらつき方が大きかったらあまり意味がない。ばらつき方が大きいということは，例えば A 君の得た推定値 $\hat{\theta}^{(A)}$ は θ に非常に近いかもしれないが，B 君の得た推定値 $\hat{\theta}^{(B)}$ はとんでもなく離れているかもしれないといった状況が起こり得るということである。

つまり推定した結果の当たり外れが大きいということである。現実の問題では，前で考えたように何人もの人が同じ実験を別々に行い，いくつもの推定値を比べることができるといった状況はまれで，ある一人の人が何回か実験をして推定値を一つだけ計算することになる。このような場合には，推定量の平均値が真の値と一致するだけではなく，個々の推定値はできるだけ真の値のそばにいてほしいので，推定量のばらつき方が小さいほど好ましい推定方法だと考えることができる (図 **9.2**)。

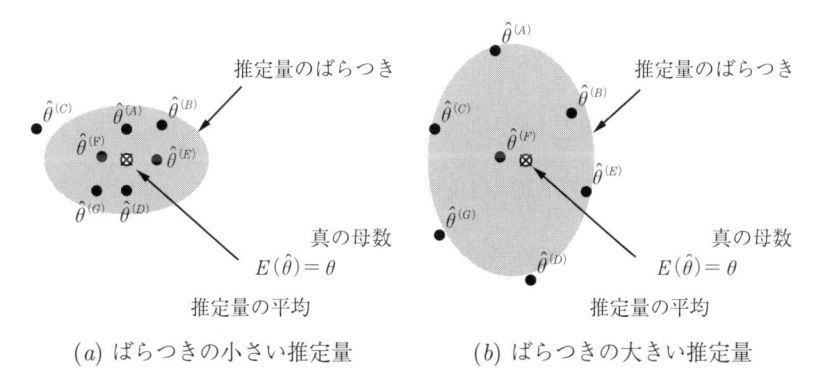

(a) ばらつきの小さい推定量　　(b) ばらつきの大きい推定量

図 **9.2** 真の母数と推定値のばらつきの概念図

このばらつき方を評価する基準はいろいろ考えられるが，一番簡単なものは推定量の分散

$$V(\hat{\theta}) = E((\hat{\theta} - \theta)^2)$$

を考えることであろう。不偏性を要求したとき，一般に推定量には定理 9.1 のような性質がある。

定理 **9.1**

$\hat{\theta}_1, \hat{\theta}_2, \cdots, \hat{\theta}_k$ が，いずれも不偏推定量であり，その分散が等しく σ^2 である。すなわち

$$V(\hat{\theta}_1) = \cdots = V(\hat{\theta}_k) = \sigma^2$$

とする．このとき，これらの推定量の算術平均を

$$\hat{\theta}^* = \frac{1}{k}\sum_{i=1}^{k}\hat{\theta}_i \tag{9.5}$$

とおけば

$$E(\hat{\theta}^*) = \theta \quad (\text{不偏性は保たれる}) \tag{9.6}$$

$$V(\hat{\theta}^*) \leq \sigma^2 \quad (\text{分散が小さくなる}) \tag{9.7}$$

証明 平均値の線形性から不偏性は明らかである．分散については

$$\sum_i (\hat{\theta}_i - \theta)^2 = \sum_i (\hat{\theta}_i - \hat{\theta}^* + \hat{\theta}^* - \theta)^2$$

$$= \sum_i (\hat{\theta}_i - \hat{\theta}^*)^2 + 2\sum_i (\hat{\theta}_i - \hat{\theta}^*)(\hat{\theta}^* - \theta) + \sum_i (\hat{\theta}^* - \theta)^2$$

$$\left(\hat{\theta}^* = \frac{1}{k}\sum_{i=1}^{k}\hat{\theta}_i \text{ より } \sum_i (\hat{\theta}_i - \hat{\theta}^*) = 0 \right)$$

$$= \sum_i (\hat{\theta}_i - \hat{\theta}^*)^2 + k(\hat{\theta}^* - \theta)^2$$

が成り立つことから，両辺の平均を取って

$$\sum_i E((\hat{\theta}_i - \theta)^2) = \sum_i E((\hat{\theta}_i - \hat{\theta}^*)^2) + kE((\hat{\theta}^* - \theta)^2)$$

$$\sum_i V(\hat{\theta}_i) = \sum_i E((\hat{\theta}_i - \hat{\theta}^*)^2) + kV(\hat{\theta}^*)$$

$$k\sigma^2 = \sum_i E((\hat{\theta}_i - \hat{\theta}^*)^2) + kV(\hat{\theta}^*)$$

を得る．右辺の第 1 項は 0 または正なので

$$k\sigma^2 \geq kV(\hat{\theta}^*)$$

となり，算術平均の分散のほうが小さくなることがわかる． ♠

つまり分散によって推定量の善しあしを考える場合には，異なる不偏推定量があればそれらを併用することによって推定量の性質をよくすることができることを意味している．

この定理 9.1 を用いると，推定量 $\hat{\theta} = \hat{\theta}(X_1, X_2, \cdots, X_n)$ が $X_1, X_2, \cdots, X_n$ について対称でない場合には，対称化することによって性質をよくすることができることを示すことができる．

定理 9.2

$X_1, X_2, \cdots, X_n$ がたがいに独立に同じ分布に従うとし，$\hat{\theta} = \hat{\theta}(X_1, X_2, \cdots, X_n)$ を母数 θ の一つの不偏推定量とする。このとき $X_1, X_2, \cdots, X_n$ の対称な関数として表される不偏推定量 $\hat{\theta}^*$ で，つねに

$$V(\hat{\theta}^*) \leqq V(\hat{\theta})$$

となるものが存在する。

証明 $\hat{\theta}$ を $X_1, X_2, \cdots, X_n$ について対称化，すなわち

$$\hat{\theta}^* = \frac{1}{n!} \sum \hat{\theta}(\{X_1, X_2, \cdots, X_n \text{ の } (n! \text{ 通りの}) \text{ あらゆる並べ替え}\})$$

を考え，定理 9.1 を使えばよい。 ♠

この定理 9.2 は

$$\hat{\theta}(X_1, X_2, \cdots, X_n) \neq \hat{\theta}(X_2, X_1, \cdots, X_n)$$

のように観測値に対して対称でない推定量は，ばらつきに関してはよくない推定量となる可能性があることを意味している。不偏な推定量の中で分散の小さいものを考えるときには $X_1, X_2, \cdots, X_n$ について対称な推定量だけを考えればよいことがわかる。

例 9.2～9.6 としてあげた五つの推定量の例のうち，標本平均，中央値，トリム平均は $X_1, X_2, \cdots, X_n$ について対称な推定量になっている。中央値，トリム平均は大きさの順に並べ替えているので $X_1, X_2, \cdots, X_n$ の順によらないことに注意する。加重平均は $c_i = 1/n$ でない限り，あるいは前もって大きさの順に並べ替えたうえで加重を決めるといった操作をしない限りは対称でないことは明らかであろう。幾何平均は対称な推定量ではあるが，不偏ではないので，分散についての上の議論は一般に成り立たないことに注意しよう。

なお，本章では例として平均値を推定する問題を考えてきたが，一般の推定量においても不偏性や分散の大きさを考えて推定量の善しあしを同様に議論することができることに注意しよう。

> **質問 9.1** 実際に観測を行って得られたデータは確定していて動かないのに，推定量の分布を考えることができるのはなぜですか．
>
> **答え 9.1** 推定量とは，データをどのように使って母数を推定するのかの計算方法です．なにか特定の値を表しているものではありません．統計的な枠組みでは，データはある確率分布に従う確率変数であると考えますが，推定量はその確率変数の関数ですから，やはり確率変数となります．したがって，データの従う確率分布に基づいて，推定量の確率分布も計算されることになります．実際に観測されたデータから計算されたものは推定値といって区別していることに注意して下さい．

章 末 問 題

【1】 θ は未知母数，ε を偶然変動とするつぎのような確率モデルを考える．
$$X = \theta + \varepsilon \tag{9.8}$$
偶然変動がコーシー (Cauchy) 分布，あるいは正規分布に従うとした場合，未知母数 θ の推定量として
 1. 標本平均
 2. トリム平均
 3. 中央値

の良否を数値実験により検討せよ．

10 平均値の不偏推定

本章では，9章の例として取り上げた単純な確率モデル

$$X_i = \theta + \varepsilon_i \quad (i=1,\cdots,n)$$

(確率変数)　(未知母数)　(誤差・偶然変動)

に焦点をあて，平均値に対応する1次元の未知母数を推定する方法を考える。このとき，誤差の分布に関する知識の有無によって，よい推定方法がどのように変わるのか詳しく考えることにする。

10.1 誤差の分布の形がわからない場合

9章の誤差に関する仮定1～4においては，誤差の分布の形状については特に述べていないが，分布の形がわからない場合には，不偏で分散が最小という意味では観測値の標本平均がじつは最もよい推定量となる。

定理 10.1

分布の形がわからない場合には

$$\hat{\theta}^* = \bar{X} = \frac{1}{n}\sum_{i=1}^{n} X_i \tag{10.1}$$

が θ の**一様最小分散不偏推定量**(uniformly minimum variance unbiased estimator) となる。

証明

$$E(\bar{X}) = \frac{1}{n}\sum_{i=1}^{n} E(X_i) = \frac{1}{n}\sum_{i=1}^{n}(\theta + E(\xi_i)) = \theta$$

なので $\hat{\theta}^*$ の不偏性は明らかである。ここで, $\hat{\theta}^*$ 以外の不偏推定量で, $X_1, X_2, \cdots, X_n$ について対称なもの $\hat{\theta}^\dagger$ を考え, $T = \hat{\theta}^\dagger - \hat{\theta}^*$ とする。

不偏性の定義より

$$E(T) = E(\hat{\theta}^\dagger) - E(\hat{\theta}^*) = \theta - \theta = 0$$

となるので, T の平均は 0 であることがわかる。$\hat{\theta}^*$ も $\hat{\theta}^\dagger$ も $X_1, X_2, \cdots, X_n$ について対称な関数なので, T も対称となることに注意する。このとき, 任意の分布について

$$E(T) = E(T(X_1, X_2, \cdots, X_n)) = 0$$

となるのものはじつは $T = 0$ に限る。これはつぎのようにして示される。

まず $n = 2$ の場合を考えることにする。任意の分布を考えてよいので, $a < b$ の 2 点だけが, 確率 $p, (1-p)$ で出るような分布を考える。すると T の平均は

$E(T)$
$= p^2 T(a,a) + p(1-p)T(a,b) + (1-p)pT(b,a) + (1-p)^2 T(b,b)$
$= p^2 T(a,a) + 2p(1-p)T(a,b) + (1-p)^2 T(b,b)$
$= 0$

となるが, これが任意の p について成り立つ必要がある。例えば $p = 0, 0.5, 1$ を代入すれば

$T(a,a) = 0$

$0.25 T(a,a) + 0.5 T(a,b) 0.25 T(b,b) = 0$

$T(b,b) = 0$

を満たさなくてはいけないが, これを解いて

$$T(a,a) = T(b,b) = T(a,b) = 0$$

であることがわかる。ここで a, b を自由に動かしても成り立たなくてはいけないので, 結局 T は恒等的に 0 であることがわかる。

n が 2 以上の場合もこれと同様にして, $a_1 < a_2 < \cdots < a_n$ の離散点に測度 $p_1, p_2, \cdots, p_n$ がある多項分布を考えてみると

$$E(T) = \sum_{m_1 + \cdots + m_n = n} \frac{n!}{m_1! \cdots m_n!} p_1^{m_1} \cdots p_n^{m_n} T(\underbrace{a_1, \cdots, a_q}_{m_1}, \cdots, \underbrace{a_n, \cdots, a_n}_{m_n})$$
$= 0$

が任意の $p_i \left(\sum p_i = 1 \right)$ について成り立たなくてはいけないが, これは $T = 0$ のときのみ可能であることがいえる。例えば, ある x_1 で $T(x_1, \cdots) \neq 0$ であったとすると, $X_1 = x_1$ にだけ測度がある分布を考えれば $E(T) \neq 0$ となってし

10.1 誤差の分布の形がわからない場合

まい，$E(T) = 0$ とはならなくなるので，$T \neq 0$ となるような点があってはいけないことがわかる。

したがって対称な不偏推定量は $\hat{\theta}^*$ しかないことがわかり，また定理 9.2 から分散が最小であることが保証される。 ♠

このとき標本平均の分散は X_i の独立性より

$$V(\hat{\theta}^*) = V\left(\frac{1}{n}\sum_{i=1}^n X_i\right) = \frac{1}{n^2}V\left(\sum_{i=1}^n X_i\right) = \frac{1}{n^2}\sum_{i=1}^n V(X_i) = \frac{1}{n}\sigma^2$$

となる。もし誤差の分散 σ^2 が有限であれば，これは $n \to \infty$ のとき分散が 0 に近づき，$\hat{\theta}^* \to \theta$ となることを表している。つまり，観測値の数が増えれば，その推定精度がよくなり，極限では真の値に一致することを示している。これが仮定 4(誤差の分散は有界) を設けた理由である。理想的には無限にたくさんの観測をしなくてはならないが，大ざっぱには，一人の人が実験して一つの推定値しか得られなかったとしても，観測値の数が十分に大きければ，ほぼ正しい値が推定されることを保証していることになる。このように観測数を多くしたとき推定量が正しい値に近づいていくならば，推定量は**一致性**(consistency) を持つという。

なお，誤差の分散は未知であることが多いので，分散が必要な場合には観測値から推定することになる。分散の推定量として単純な**標本分散**

$$\hat{\sigma}^2 = \frac{\sum_{i=1}^n (X_i - \bar{X})^2}{n} \quad (\text{標本分散})$$

を用いる場合もあるが，これは分散の不偏な推定量になっていない。分散の不偏な推定量である**不偏分散**は以下のようにして求められる。

$$\begin{aligned}
&E\left(\sum_{i=1}^n (X_i - \bar{X})^2\right) \\
&= E\left(\sum_{i=1}^n (X_i - \theta - (\bar{X} - \theta))^2\right) \\
&= E\left(\sum_{i=1}^n (X_i - \theta)^2 - 2\sum_{i=1}^n (X_i - \theta)(\bar{X} - \theta) + \sum_{i=1}^n (\bar{X} - \theta)^2\right)
\end{aligned}$$

$$\left(\sum_{i=1}^n (X_i - \theta) = n(\bar{X} - \theta) \text{ に注意}\right)$$

$$= E\left(\sum_{i=1}^n (X_i - \theta)^2 - n(\bar{X} - \theta)^2\right)$$

$$= \sum_{i=1}^n V(X_i) - nV(\bar{X})$$

$$= n\sigma^2 - \sigma^2$$

$$= (n-1)\sigma^2$$

したがって

$$\hat{\sigma}^2 = \frac{\sum_{i=1}^n (X_i - \bar{X})^2}{n-1} \quad \text{(不偏分散)}$$

が分散の不偏推定量となる．直観的には，分散の最もよい推定量は標本分散のように思えるが，分母が n ではなく $(n-1)$ としないと不偏とならないことに注意する．これは n 個の観測値から平均を計算するために観測値一つ分に相当する情報を使ってしまったためと一般には説明される．

10.2 誤差の分布の形がわかる場合

これまでは誤差の分布に関して平均 0，分散有限という，あまり情報のない状況を考えてきたが，本節では，具体的な情報として誤差の分布の形がわかっているという場合を考える．すなわち

仮定 5 ε_i は既知の密度関数 $f(\varepsilon)$ を持つ分布に従う．

という仮定を加える．

分布の形の情報を用いると，θ の推定量として標本平均よりよい推定量を作ることができる．ここでは，**位置共変性**という性質をさらに加えて，不偏性と位置共変性を持つ推定量の中で，標本平均よりよい推定量を具体的に構成してみることにする．

定義 10.1

任意の c に対して推定量が
$$\hat{\theta}(X_1+c, X_2+c, \cdots, X_n+c) = \hat{\theta}(X_1, X_2, \cdots, X_n) + c$$
$$(10.2)$$
を満たすとき，これを**位置共変推定量**という．

定義 10.1 の式 (10.2) は，観測値 $X_1, X_2, \cdots, X_n$ が全部同時に c だけずれて $X_1+c, X_2+c, \cdots, X_n+c$ となったとき，推定量もちょうど c だけずれることを表しており，いま考えている確率モデル

$$\underset{(\text{確率変数})}{X_i} = \underset{(\text{未知母数})}{\theta} + \underset{(\text{誤差・偶然変動})}{\varepsilon_i} \quad (i=1,\cdots,n)$$

においては非常に自然な推定量の性質であると考えられる（図 **10.1**）．

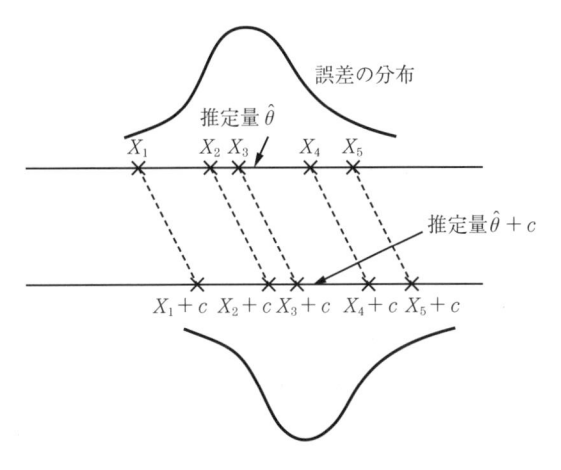

図 10.1 位置共変推定量の概念図

当然のことながら標本平均も位置共変性を持つが，以下のようにして，位置共変性を持つ推定量の中で，標本平均よりよい推定量を作ることができる．

まず，n 個の観測値 $X_1, X_2, \cdots, X_n$ から標本平均 $\bar{X}$ だけを推定に用いるということは，観測値の持っている情報の一部だけを使っていることに注意す

る。このとき捨ててしまっている情報はどのようなものか考えてみるために，例として以下のような二つの変数変換を考える。

変換 1

$$\bar{X} = \frac{X_1 + X_2 + \cdots + X_n}{n}$$
$$Y_1 = X_2 - X_1$$
$$Y_2 = X_3 - X_1$$
$$\vdots$$
$$Y_{n-1} = X_n - X_1$$

変換 2

$$\bar{X} = \frac{X_1 + X_2 + \cdots + X_n}{n}$$
$$Y_1' = \frac{X_1 - X_2}{\sqrt{2}}$$
$$Y_2' = \frac{X_1 + X_2 - 2X_3}{\sqrt{6}}$$
$$\vdots$$
$$Y_{n-1}' = \frac{X_1 + X_2 + \cdots + X_{n-1} - (n-1)X_n}{\sqrt{n(n-1)}}$$

どちらの変換においても，$X_1, X_2, \cdots, X_n$ がわかれば，$\bar{X}, Y_1, \cdots, Y_{n-1}$, あるいは $\bar{X}, Y_1', \cdots, Y_{n-1}'$ を計算することができ，逆に $\bar{X}, Y_1, \cdots, Y_{n-1}$, あるいは $\bar{X}, Y_1', \cdots, Y_{n-1}'$ がわかると，もとの観測値 $X_1, X_2, \cdots, X_n$ を復元することができることは明らかであろう。つまり $\{X_1, X_2, \cdots, X_n\}$, $\{\bar{X}, Y_1, \cdots, Y_{n-1}\}$, $\{\bar{X}, Y_1', \cdots, Y_{n-1}'\}$ というそれぞれ n 個の変数の組は，形を変えただけで同じ情報を持っているといえる。このように変数の表現の形を変えて考えると，標本平均は $\bar{X}$ しか用いていない推定量であり，$Y_1, Y_2, \cdots, Y_{n-1}$, あるいは $Y_1', Y_2', \cdots, Y_{n-1}'$ といった情報を捨てていることがわかる。10.1 節での結論は，推定量の分散を小さくするという意味で最もよい推定量は標本平均であるということであったが，いい換えれば，分布に関する知識がない場合には結局 $Y_1, Y_2, \cdots, Y_{n-1}$ といった情報は捨てる

しかないということになる。ところが，分布の形がわかっている場合には，$Y_1, Y_2, \cdots, Y_{n-1}$ といった量を利用して標本平均を修正し，よりよい推定量を作ることができる。

なお，変換 2 は

$$E(Y_i') = 0$$

$$E(Y_i'^2) = \sigma^2$$

$$V(\bar{X}, Y_i) = 0, \quad V(Y_i, Y_j) = 0$$

という特徴を持っているため統計ではしばしば用いられる。また，変換 1 はヤコビアン (Jacobian) が 1 となるという性質を持つため，以下の定理 10.2 では計算上の都合を考えて変換 1 を用いて議論を進める。

定理 10.2

真の母数が $\theta = 0$ のときに $Y_1, Y_2, \cdots, Y_{n-1}$ を与えられたもとでの $\bar{X}$ の条件つき期待値を

$$E_0(\bar{X}|Y_1, Y_2, \cdots, Y_{n-1}) \tag{10.3}$$

と表すことにする。

$$\hat{\theta}^* = \bar{X} - E_0(\bar{X}|Y_1, Y_2, \cdots, Y_{n-1}) \tag{10.4}$$

とおくと，$\hat{\theta}^*$ は位置共変不偏推定量であって，任意の位置共変推定量 $\hat{\theta}$ に対して

$$E((\hat{\theta}^* - \theta)^2) \leqq E((\hat{\theta} - \theta)^2) \tag{10.5}$$

となる。

$E_0(\bar{X}|Y_1, Y_2, \cdots, Y_{n-1})$ は，$Y_1, Y_2, \cdots, Y_{n-1}$ がわかっているとき，標本平均が真の値から平均的にどのくらいずれるかを表している。定理 10.2 は標本平均をこのずれで補正することによって，よりよい推定量を作ることができることを主張している。

証明 はじめに $\hat{\theta}^*$ が位置共変不偏推定量であることを確かめておこう。観測値 $X_1, X_2, \cdots, X_n$ 全体が c だけ変化し，$X_1 + c, X_2 + c, \cdots, X_n + c$ に

なったとしても，定義 10.1 から明らかなように $Y_1, Y_2, \cdots, Y_{n-1}$ は変化しない。したがって観測値全体を c だけずらしたとき

$$\begin{aligned}
\hat{\theta}^*&(X_1+c, X_2+c, \cdots, X_n+c) \\
&= \frac{(X_1+c)+(X_2+c)+\cdots+(X_n+c)}{n} - E_0(\bar{X}|Y_1, Y_2, \cdots, Y_{n-1}) \\
&= \bar{X} + c - E_0(\bar{X}|Y_1, Y_2, \cdots, Y_{n-1}) \\
&= \hat{\theta}^*(X_1, X_2, \cdots, X_n) + c
\end{aligned}$$

となり，$\hat{\theta}^*$ は位置共変であることがわかる。また，E_0 が $\theta = 0$ のときの平均であることに注意すると

$$E^{Y_1, Y_2, \cdots, Y_{n-1}}(E_0(\bar{X}|Y_1, Y_2, \cdots, Y_{n-1})) = E_0^{\bar{X}, Y_1, Y_2, \cdots, Y_{n-1}}(\bar{X}) = 0$$

であるから

$$\begin{aligned}
E(\hat{\theta}^*) &= E^{X_1, X_2, \cdots, X_n}(\hat{\theta}^*(X_1, X_2, \cdots, X_n)) \\
&= E^{X_1, X_2, \cdots, X_n}(\bar{X}) - E^{X_1, X_2, \cdots, X_n}(E_0(\bar{X}|Y_1, Y_2, \cdots, Y_{n-1})) \\
&= \theta - E^{\bar{X}, Y_1, Y_2, \cdots, Y_{n-1}}(E_0(\bar{X}|Y_1, Y_2, \cdots, Y_{n-1})) \\
&= \theta - E^{\bar{X}}(0) \\
&= \theta
\end{aligned}$$

となり不偏である。ここでは変数変換しても全体に対する平均は変わらないこと

$$E^{X_1, X_2, \cdots, X_n}(X_1, X_2, \cdots, X_n \text{ の関数})$$
$$= E^{\bar{X}, Y_1, Y_2, \cdots, Y_{n-1}}(\bar{X}, Y_1, Y_2, \cdots, Y_{n-1} \text{ で書き直した関数})$$

を用いている。

さて任意の位置共変推定量 $\hat{\theta}$ に対して

$$T = \hat{\theta} - \hat{\theta}^*$$

とおくと，二つの推定量の位置共変性から

$$\begin{aligned}
T(X_1 &+ c, X_2 + c, \cdots, X_n + c) \\
&= \hat{\theta}(X_1+c, X_2+c, \cdots, X_n+c) - \hat{\theta}^*(X_1+c, X_2+c, \cdots, X_n+c) \\
&= \left(\hat{\theta}(X_1, X_2, \cdots, X_n) + c\right) - \left(\hat{\theta}^*(X_1, X_2, \cdots, X_n) + c\right) \\
&= \hat{\theta}(X_1, X_2, \cdots, X_n) - \hat{\theta}^*(X_1, X_2, \cdots, X_n) \\
&= T(X_1, X_2, \cdots, X_n)
\end{aligned}$$

となる。ここで T を $\bar{X}, Y_1, Y_2, \cdots, Y_{n-1}$ で書き換えると，c ずれる影響を受けるのは $\bar{X}$ だけであることに注意すれば，T は $Y_1, Y_2, \cdots, Y_{n-1}$ のみの関数となる。すなわち

$$T = T(Y_1, Y_2, \cdots, Y_{n-1})$$

と書くことができる。

また位置共変推定量の性質から任意の位置共変推定量について

10.2 誤差の分布の形がわかる場合

$$\hat{\theta}(X_1, X_2, \cdots, X_n) - \theta = \hat{\theta}(X_1 - \theta, X_2 - \theta, \cdots, X_n - \theta)$$

となるが

$$X'_1 = X_1 - \theta, \quad X'_2 = X_2 - \theta, \quad \cdots, \quad X'_n = X_n - \theta$$

と置き換えると，$X'_1, X'_2, \cdots, X'_n$ が $\theta = 0$ のもとでの観測値に対応することになるので

$$E((\hat{\theta} - \theta)^2 | \theta) = E^{X'_1, X'_2, \cdots, X'_n}(\hat{\theta}(X'_1, X'_2, \cdots, X'_n)^2)$$
$$= E_0(\hat{\theta}^2) \, (= E((\hat{\theta} - 0)^2 | 0))$$

が成り立つ．したがって，任意の位置共変推定量の真の値との 2 乗誤差は θ によらず一定，つまり真の母数 θ に無関係であることがわかる．なお，この性質は不偏性とは関係のないことに注意する．ここで $\hat{\theta} = \hat{\theta}^* + T$ とすれば任意の位置共変推定量 $\hat{\theta}$ の 2 乗誤差は $\theta = 0$ の場合

$$E_0(\hat{\theta}^2) = E_0(\hat{\theta}^{*2}) + E_0(T^2) + 2E_0(\hat{\theta}^* T)$$

を評価すればよいことがわかる．

条件つき確率の性質から

$$E_0(\hat{\theta}^* | Y_1, Y_2, \cdots, Y_{n-1})$$
$$= E_0(\bar{X} - E_0(\bar{X} | Y_1, Y_2, \ldots, Y_{n-1}) | Y_1, Y_2, \cdots, Y_{n-1})$$
$$= E_0(\bar{X} | Y_1, Y_2, \cdots, Y_{n-1}) - E_0(\bar{X} | Y_1, Y_2, \cdots, Y_{n-1})$$
$$= 0$$

であり，$T = T(Y_1, Y_2, \cdots, Y_{n-1})$ であり T は $\bar{X}$ によらないことに注意すると

$$E_0(\hat{\theta}^* T) = E^{Y_1, Y_2, \cdots, Y_{n-1}}(E_0(\hat{\theta}^* T | Y_1, Y_2, \cdots, Y_{n-1}))$$
$$= E^{Y_1, Y_2, \cdots, Y_{n-1}}(T E_0(\hat{\theta}^* | Y_1, Y_2, \cdots, Y_{n-1}))$$
$$= 0$$

が成り立つ．したがって

$$E((\hat{\theta} - \theta)^2) = E((\hat{\theta}^* - \theta)^2) + E_0(T^2)$$
$$\geqq E((\hat{\theta}^* - \theta)^2)$$

となり，$\hat{\theta}^*$ の 2 乗誤差が任意の位置共変推定量の 2 乗誤差より小さくなることがわかる．さらにこの場合 $\hat{\theta}^*$ は不偏なので，2 乗誤差は分散と一致し，$\hat{\theta}^*$ 分散の最小性がわかる． ♠

10.1 節のように分布の形がわからない場合は標本平均の改善のしようがなかったわけであるが，定理 10.2 の結果は，捨ててしまった情報を使って標本平均の条件つき平均の偏りを補正することによって，よりよい推定量が作られることを主張している．特に分散の評価においては，位置共変性という性質が重

要な役割を果たしていることに注意してほしい.

定理10.2では補正の方法を述べただけであるが,この推定量の具体形を誤差の分布を使って書くとつぎのようになる.

定理 10.3

誤差の確率密度関数が f のもとでの最小分散位置共変不偏推定量は,正規化した尤度関数の平均として

$$\hat{\theta}^*(X_1, X_2, \cdots, X_n) = \int \theta g(\theta; X_1, X_2, \cdots, X_n) d\theta \quad (10.6)$$

で与えられる.ただし

$$g(\theta; X_1, X_2, \cdots, X_n) = \frac{\prod_{i=1}^n f(X_i - \theta)}{\int \prod_{i=1}^n f(X_i - \theta) d\theta} \quad (10.7)$$

である.正規化した尤度関数 $g(\theta; X_1, X_2, \cdots, X_n)$ とは,母数 θ について積分した値が1となるように誤差の密度関数の積を定数倍したものである.

[証明] まず
$$n(\bar{X} - X_1) = (X_2 - X_1) + (X_3 - X_1) + \cdots + (X_n - X_1)$$
$$= Y_1 + Y_2 + \cdots + Y_{n-1}$$
であるので,$Y_1, Y_2, \cdots, Y_{n-1}$ で条件づけたとき,$\bar{X} - X_1$ は定数になることに注意すると

$$E_0(X_1 | Y_1, Y_2, \cdots, Y_{n-1})$$
$$= E_0((X_1 - \bar{X}) + \bar{X} | Y_1, Y_2, \cdots, Y_{n-1})$$
$$= X_1 - \bar{X} + E_0(\bar{X} | Y_1, Y_2, \cdots, Y_{n-1})$$

であることがわかる.したがって

$$\hat{\theta}^* = \bar{X} - E_0(\bar{X} | Y_1, Y_2, \cdots, Y_{n-1})$$
$$= X_1 - E_0(X_1 | Y_1, Y_2, \cdots, Y_{n-1})$$

と書き換えることができる.

$\theta = 0$ のもとでの $X_1, X_2, \cdots, X_n$ の同時分布の密度関数は,その独立性から

10.2 誤差の分布の形がわかる場合

$$f(x_1, x_2, \cdots, x_n) = f(x_1)f(x_2)\cdots f(x_n)$$

と書くことができるが，これを $X_1, Y_1, Y_2, \cdots, Y_{n-1}$ で書き換える。確率密度の変換は，適当な事象 A の確率が

$$\int_A f(x_1, x_2, \cdots, x_n) dx_1 dx_2 \cdots dx_n$$
$$= \int_A f(x_1, y_1, y_2, \cdots, y_{n-1}) \left| \frac{d(x_1, x_2, \cdots, x_n)}{d(x_1, y_1, \cdots, y_{n-1})} \right| dx_1 dy_1 dy_2 \cdots dy_{n-1}$$
$$= \int_A f(x_1)f(y_1+x_1)f(y_2+x_1)\cdots f(y_{n-1}+x_1) dx_1 dy_1 dy_2 \cdots dy_{n-1}$$

となることに注意すればよい。ただし，変換のヤコビアンは

$$\left| \frac{d(x_1, x_2, \cdots, x_n)}{d(x_1, y_1, \cdots, y_{n-1})} \right|$$

$$= \begin{vmatrix} \dfrac{dx_1}{dx_1} & \dfrac{dx_1}{dy_1} & \cdots & \dfrac{dx_1}{dy_{n-1}} \\ \dfrac{dx_2}{dx_1} & \dfrac{dx_2}{dy_1} & \cdots & \dfrac{dx_2}{dy_{n-1}} \\ \vdots & \vdots & \ddots & \vdots \\ \dfrac{dx_n}{dx_1} & \dfrac{dx_2}{dy_1} & \cdots & \dfrac{dx_n}{dy_{n-1}} \end{vmatrix}$$

$$= \begin{vmatrix} 1 & 0 & \cdots & 0 \\ 1 & 1 & \cdots & 0 \\ \vdots & \vdots & \ddots & \vdots \\ 1 & 0 & \cdots & 1 \end{vmatrix} = 1$$

である。したがって，変換後の確率密度は

$$f(x_1, y_1, y_2, \cdots, y_{n-1}) = f(x_1)f(y_1+x_1)f(y_2+x_1)\cdots f(y_{n-1}+x_1)$$

となる。

$Y_1, Y_2, \cdots, Y_{n-1}$ が与えられたもとでの X_1 の条件つき確率密度 $f(x_1|y_1, y_2, \cdots, y_{n-1})$ は

$$f(x_1, y_1, y_2, \cdots, y_{n-1}) = f(x_1|y_1, y_2, \cdots, y_{n-1}) f(y_1, y_2, \cdots, y_{n-1})$$

より

$$f(x_1|y_1, y_2, \cdots, y_{n-1})$$
$$= \frac{f(x_1, y_1, y_2, \cdots, y_{n-1})}{f(y_1, y_2, \cdots, y_{n-1})}$$
$$= \frac{f(x_1, y_1, y_2, \cdots, y_{n-1})}{\int f(x_1, y_1, y_2, \cdots, y_{n-1}) dx_1}$$

$$= \frac{f(x_1)f(y_1+x_1)f(y_2+x_1)\cdots f(y_{n-1}+x_1)}{\int f(x_1)f(y_1+x_1)f(y_2+x_1)\cdots f(y_{n-1}+x_1)dx_1}$$

で与えられる。これより推定量は

$$\hat{\theta}^* = X_1 - \frac{\int x_1 f(x_1)f(Y_1+x_1)f(Y_2+x_1)\cdots f(Y_{n-1}+x_1)dx_1}{\int f(x_1)f(Y_1+x_1)f(Y_2+x_1)\cdots f(Y_{n-1}+x_1)dx_1}$$

となるが、$\theta = X_1 - x_1$ と変数変換すると

$$\hat{\theta}^* = \frac{\int \theta f(X_1-\theta)f(X_2-\theta)\cdots f(X_n-\theta)d\theta}{\int f(X_1-\theta)f(X_2-\theta)\cdots f(X_n-\theta)d\theta}$$

となる。 ♠

この推定量はピットマン (Pitman) 推定量と呼ばれることがある。

例 10.1 確率モデル

$$X = \theta + \varepsilon$$

において、誤差の分布が $[-0.5, 0.5]$ 上の一様分布、すなわち

$$f(\varepsilon) = \begin{cases} 1 & \left(|\varepsilon| \leq \dfrac{1}{2}\right) \\ 0 & (\text{上記以外}) \end{cases}$$

のとき、独立な観測値 $X_1, X_2, \cdots, X_n$ に対してピットマン推定量 $\hat{\theta}^*$ を求める。

まず X_i の密度関数は母数 θ と ε の密度関数 f を用いて

$$f(x_i - \theta)$$

と表される。この関数はその値として 0 か 1 しか取らないので、n 個の観測値の同時密度関数はすべてが 1 のときだけ 1 となり、それ以外は 0 となる（図 **10.2**）。

これを θ の関数として見たとき図 **10.3** のようになるが、1 となるのは区間 $[\max_i X_i - 0.5, \min_i X_i + 0.5] = [\alpha, \beta]$ である。したがって、ピットマン推定量は

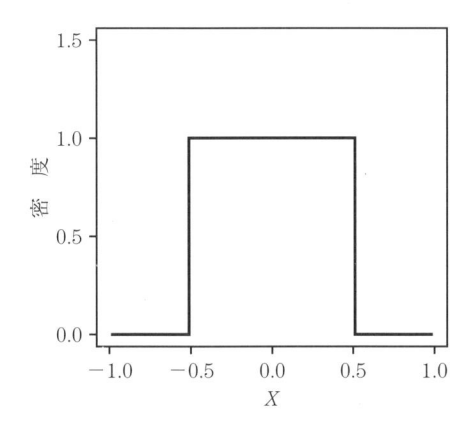

10.2 誤差の分布の形がわかる場合

図 10.2 一様分布の密度関数

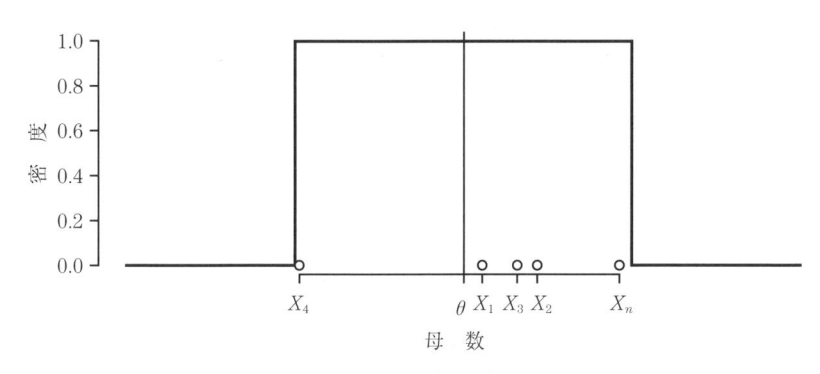

(a) 密度と観測値

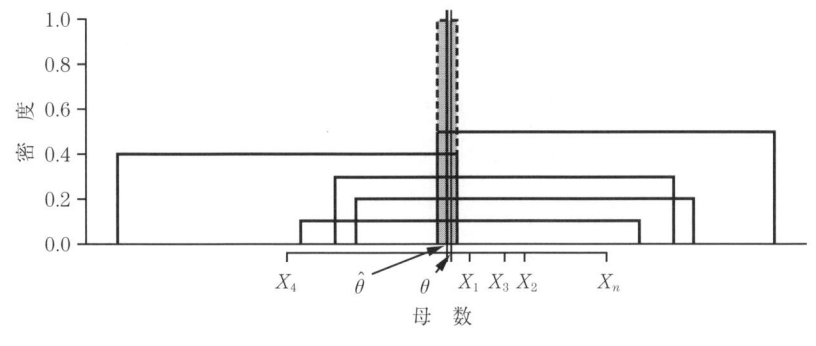

(b) 同時密度と推定量

図 10.3 誤差が一様分布の場合のピットマン推定量

10. 平均値の不偏推定

$$\hat{\theta}^* = \frac{\int_\alpha^\beta \theta d\theta}{\int_\alpha^\beta d\theta}$$

$$= \frac{1}{2}\frac{\beta^2 - \alpha^2}{\beta - \alpha}$$

$$= \frac{1}{2}(\beta + \alpha)$$

$$= \frac{1}{2}\left(\max_i X_i + \min_i X_i\right)$$

となる。

この例 10.1 について推定量 $\hat{\theta}^*$ の平均と分散を求め,実際に標本平均よりよい推定量となっているかどうかを確認してみよう。このためにはまず, n 個の観測値の最小値と最大値の同時分布を求めなくてはいけない。$X_1, X_2, \cdots, X_n$ の最小値,最大値をそれぞれ Y, Z とすると, Y が区間 $[y, y+dy]$ に入り, Z が区間 $[z, z+dz]$ に入る確率は, n 個の一様乱数のうちの一つが $[y, y+dy]$ に,もう一つが $[z, z+dz]$ に入り,残りの $(n-2)$ 個が $[y, z]$ に入る確率を考えればよいが, n 個のどれが最大,最小になるかの場合の数が $n(n-1)$ 通りで,それぞれの区間に入る確率は,区間の幅×密度 1 であることから,その密度は

$$n(n-1)(z-y)^{n-2}dydz$$

と表される。このとき $a \leqq Y \leqq Z \leqq b$ となる確率は $X_1, X_2, \cdots, X_n$ がすべて a, b の間に入っている確率に等しいが,確かに

$$P(a \leqq Y \leqq Z \leqq b) = \int_a^b \int_a^z n(n-1)(z-y)^{n-2}dydz$$
$$= (b-a)^n$$

となっていることが確認できる。

あるいは,上のような導き方をせずに, Y と Z の同時確率密度を $f(y, z)$ として

$$P(a \leqq Y \leqq Z \leqq b) = \int_a^b \int_a^z f(y, z)dydz$$

10.2 誤差の分布の形がわかる場合

$$= (b-a)^n$$

となることから，これを微分して同時確率密度を求めてもよい．

推定量は

$$\hat{\theta}^* = \frac{Y+Z}{2}$$

であるが，平均と分散の性質を調べるためには $\theta = 0$ の場合だけ考えれば十分なので，以下では $\theta = 0$ について計算する．この場合 Y, Z は $[-0.5, 0.5]$ 上で考えることになる．まず平均は

$$E(\hat{\theta}^*) = \int_{-1/2}^{1/2} \int_{-1/2}^{z} \frac{y+z}{2} n(n-1)(z-y)^{n-2} dy dz$$
$$= 0$$

したがって不偏であることが確かめられる．つぎに分散は

$$V(\hat{\theta}^*) = \int_{-1/2}^{1/2} \int_{-1/2}^{z} \left(\frac{y+z}{2}\right)^2 n(n-1)(z-y)^{n-2} dy dz$$
$$= \frac{1}{2(n+2)(n+1)}$$

である．推定量として標本平均を用いた場合，その分散は一般に

$$V(\bar{X}) = \frac{1}{n}\sigma^2$$

であったが，いまの問題の場合

$$\sigma^2 = \int_{-0.5}^{0.5} x^2 dx = \frac{1}{12}$$

であるから，観測値が三つ以上ある場合 $(n \geq 3)$，確かにピットマン推定量のほうが分散が小さくなっていることが確かめられる．

分布が既知の場合，位置共変推定量という限られた推定量の中で最も分散が小さくなる推定量の一つがピットマン推定量である．すなわち，どんな母数に対しても，任意の位置共変推定量と比べたとき，ピットマン推定量の分散は等しいか，あるいは小さくなる．しかし位置共変性を持たない推定量にまで範囲を広げた場合には，これがつねに最小分散になるとは限らない．位置共変な推定量の分散は母数によらず一様であるが，この条件を取り去ると真の母数が特定の値のときだけによい推定値を与えるような推定量を構成することもでき

る。こうした推定量は，たまたま母数がこの都合のよい範囲に入ったときには非常によい推定値を与えるかもしれないが，それ以外では悪い結果を与えることになる。一般には推定を行う前に母数の含まれる領域を知っているわけではないので，どのような母数に対してもよい推定値を与える推定方式のほうが安全であると考えるのが自然であろう。推定量のよさをその分散から考える立場では，任意の母数においてどんな不偏推定量よりも小さな分散を持つものが最も望ましい推定量であり，「母数について一様」という意味で一様最小分散不偏推定量と呼び，その具体的な形は誤差の分布に依存する。本章で考えた確率モデルに対してはピットマン推定量がこれに相当するが，一般の確率モデルに対して一様最小分散不偏推定量が存在するとは限らないことに注意する。

質問 10.1 物理や化学などの実験では，データにのっている誤差の分布などはあまり考えずに，これまで標本平均を計算してきたように思いますが，これは分布がわからないとして推定をしているのでしょうか。

答え 10.1 これには二つの場合があると考えられます。一つは質問のとおり，分布がわからないときに最も安全と考えられる標本平均を用いている場合です。もう一つは誤差の分布が正規分布に従っていると考える場合です。一般に実験データにのる誤差の背後には数多くの原因があり，さまざまな偶然変動の積み重ねであると考えることができます。個々の偶然変動が無関係であるとすれば，確率論の中心極限定理で見たように，その積み重ねは正規分布に近づいていきます。これはガウス (Gauss) が誤差に関して行った議論（ガウスの誤差論）です。誤差が正規分布に従うときの安全な平均値の推定方法がじつは標本平均になっています（章末問題参照）。

質問 10.2 多くの場合，分布の形はわからないように思うのですが，平均値の推定には標本平均しか使えないということなのでしょうか。

答え 10.2 本書では触れませんが，誤差の分布の形に関係なく推定量を求める方法として，フーバー (Huber) の M 推定量や推定関数による方法などが研究されています。これは，分布の形がわかる場合とわからない場合という両極端な場合の中間にあたるもので，分布についていくつかの条件は課しますが，その形については特に規定せずに，安全な推定方法を考えるものです。

章 末 問 題

【1】 観測値 X が未知母数 θ に加法的な誤差 ε がのった確率モデル
$$X = \theta + \varepsilon$$
を考える。いま誤差が平均 0,分散 σ^2 の正規分布に従うとする。n 個の独立な観測値 $X_1, X_2, \cdots, X_n$ が得られるとき,θ のピットマン推定量を求めよ。なお,正規分布の確率密度関数は
$$f(\varepsilon) = \frac{1}{\sqrt{2\pi}\sigma} e^{-\varepsilon^2/(2\sigma^2)}$$
である。

【2】 分散の推定量である不偏分散の分散を求めよ。

11 最尤推定量

これまでは観測値が

$$X_i \quad = \quad \theta \quad + \quad \varepsilon_i \qquad (i=1,\cdots,n)$$

(確率変数) (未知母数) (誤差・偶然変動)

という簡単な確率モデルに従う場合を考えてきた．分布がわかっている場合には，位置共変性を課すと不偏で分散が最小であるという意味で，ピットマン推定量が最良の推定量となることは 10 章で述べた．じつは位置共変性を課さなくてもピットマン推定量はよい推定量であるのだが，実際の計算は非常にたいへんであることが多い．

また，実際の問題では，これまで議論したような単純なモデルはなく，いくつかの母数で記述される確率分布を用いる一般の確率モデルを考える．例えば，観測値 X が二つ (あるいは多数) の正規分布を重ね合わせた密度

$$\frac{1}{2\sqrt{2\pi}\sigma}e^{-(x-\theta_1)^2/(2\sigma^2)} + \frac{1}{2\sqrt{2\pi}\sigma}e^{-(x-\theta_2)^2/(2\sigma^2)}$$

に従っていると考えて，母数 θ_1, θ_2 を推定するといった方法は応用上しばしば用いられる．ところが，このようなモデルに対して不偏で分散が最小となる推定量を，10 章でピットマン推定量を求めたように具体的に計算して求めることはじつは難しい．

一般的な確率モデルに対して，できるだけ簡単で性質のよい推定量を求める方法として最尤法がある．11.3 節で述べるように，最尤推定量は一般に不偏ではないし，最小分散ではない．しかしながら最尤推定量は観測値の数が大きくなるに従い，ほぼ不偏で最小分散な推定量になっていく性質があり，実用上は

かなりよい方法となっている。本章では，こうした最尤推定量の性質についてまとめる。

11.1 最尤推定の考え方

確率変数 X が確率密度関数 $f(x,\theta)$ によって表される確率法則に従っているとする。この分布に従う n 個の独立な観測値 $X_1,\cdots,X_n$ の同時密度関数は

$$f(x_1, x_2, \cdots, x_n) = \prod_{i=1}^{n} f(x_i, \theta)$$

と書ける。これを θ の関数として見たとき

$$L(\theta) = \prod_{i=1}^{n} f(x_i, \theta)$$

を**尤度関数**と呼ぶ。

尤度関数 $L(\theta)$ を最大にする θ の値 $\hat{\theta}^*$

$$\begin{aligned} L(\hat{\theta}^*) &= \max_{\theta} L(\theta) \\ &= \max_{\theta} \prod_{i=1}^{n} f(X_i, \theta) \end{aligned}$$

を**最尤推定量**(maximum likelihood estimator) という。

最尤推定量の考え方を見るために，再び簡単なモデル

$$X_i = \theta + \varepsilon_i \quad (i = 1,\cdots,n)$$

を考えてみることにする。図 **11.1** は，真の母数が θ^* である分布から実現値が観測され，それに基づいて最尤推定を行う様子を表している。尤度関数 $L(\theta)$ の最大値を求めるということは密度関数 $f(x-\theta)$ を θ の関数と考え，θ をいろいろ動かして，観測されたデータと一番"よく合う"ところを尤度に基づいて探すことに対応する。尤度は独立な観測値の同時分布の密度になるので，この場合「よく合う」とは「密度の積 (同時密度) が一番大きくなるところ」であると考える。いい換えると，実際に観測された $\{x_1, x_2, \cdots, x_n\}$ が，かたまりとして最も出やすいと考えられる θ を探していることになる。

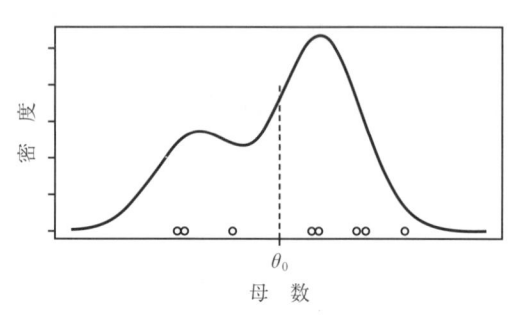

X の分布と観測値。真の母数は θ_0
(a) 密度と観測値

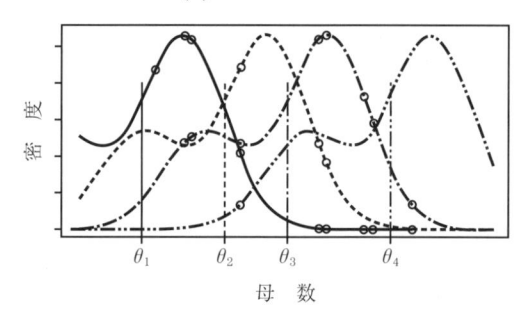

θ を動かして一番よく合うところを探す
(b) 推定量と同時密度

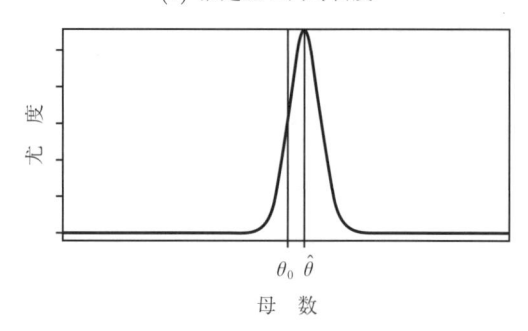

尤度の最大値を与える母数 $\hat{\theta}$ を推定値とする
(c) 最尤推定量

図 **11.1** 最尤推定量の考え方

11.2 最尤推定量の一致性

まず,最尤推定量のよさを見るために
$$\frac{1}{n}\log L(\theta) = \frac{1}{n}\sum_{i=1}^{n}\log f(X_i, \theta)$$
という量の性質を考えてみる。

なお,以下の議論では計算の簡単のため,θ は 1 次元の母数として扱うが,多次元の場合も同様に計算できる。

$\log f(X, \theta)$ は確率変数 X の関数であるので確率変数であり,$\log L(\theta)$ は独立な確率変数の和であるから,n が大きくなっていくと大数の法則により
$$\frac{1}{n}\log L(\theta) \to E(\log f(X, \theta)|\theta_0) \quad (n \to \infty)$$
に近づく。ただし,θ_0 は観測値の従う分布の真の母数とする。このとき
$$\frac{1}{n}\log L(\theta) - \frac{1}{n}\log L(\theta_0)$$
$$\to E(\log f(X, \theta)|\theta_0) - E(\log f(X, \theta_0)|\theta_0)$$
$$= E\left(\log \frac{f(X, \theta)}{f(X, \theta_0)}\Big|\theta_0\right)$$
$\log x \leqq x - 1$ に注意すると (図 **11.2**)

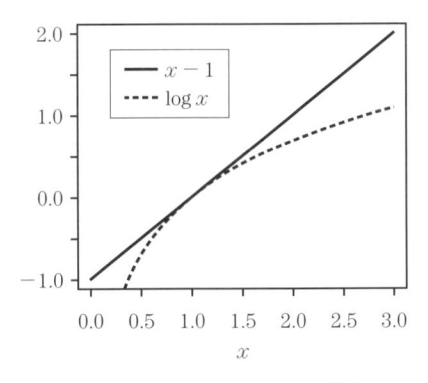

図 **11.2** $\log x$ と $x - 1$ の関係

$$\leq E\left(\frac{f(X,\theta)}{f(X,\theta_0)} - 1 \Big| \theta_0\right)$$

$$= \int \left(\frac{f(x,\theta)}{f(x,\theta_0)} - 1\right) f(x,\theta_0) dx$$

$$= \int f(x,\theta) dx - \int f(x,\theta_0) dx$$

と計算され，密度の積分が 1 であることに注意すると

$$= 1 - 1$$

$$= 0$$

となる。したがって，n が十分大きいとき

$$\frac{1}{n} \log L(\theta) \leq \frac{1}{n} \log L(\theta_0)$$

が成立する。このとき等号は x によらずつねに

$$\frac{f(x,\theta)}{f(x,\theta_0)} = 1$$

のとき，すなわち

$$f(x,\theta) = f(x,\theta_0)$$

のときにしか成り立たないので，n が大きいと任意の θ について

$$\frac{1}{n} \log L(\theta) < \frac{1}{n} \log L(\theta_0)$$

がほぼ確実に成り立つことがわかる。

対数関数 log は単調増加関数なので，$\log L(\theta_0)$ と $\log L(\theta)$ の大小関係はそのまま $L(\theta_0)$ と $L(\theta)$ の大小関係と一致することに注意すると，n が大きいと θ_0 から離れた θ が $L(\theta)$ を最大とする確率は小さくなることを意味しており，n が大きくなると最尤推定量 $\hat{\theta}^*$ は真の母数 θ_0 に近づいていくこと

$$\hat{\theta}^* \to \theta_0 \quad (n \to \infty)$$

がわかる。これを推定量の**一致性**という。正確に表現すると以下の定理 11.1 のようになる。

定理 11.1

すべての x に対して $f(x) > 0$ で f が連続ならば，最尤推定量 $\hat{\theta}^*$ は一

致推定量になる．任意の $\varepsilon\,(>0)$ に対して

$$P(|\hat{\theta}^* - \theta_0| < \varepsilon|\theta_0) \to 1 \quad (n \to \infty) \tag{11.1}$$

11.3 最尤推定の有効性

さて，もう少し細かく最尤推定量の性質を考えてみることにする．以下でも，θ は1次元の母数として扱うが，多次元の場合も容易に拡張できる．

f が連続で2階微分可能とすると，$L(\theta)$ は滑らかな関数で $\hat{\theta}^*$ で最大になる．すなわち

$$L(\hat{\theta}^*) = \max_\theta L(\theta)$$

であることから

$$\frac{\partial}{\partial \theta} L(\hat{\theta}^*) = \sum_{i=1}^n \frac{\partial}{\partial \theta} \log f(X_i, \hat{\theta}^*)$$
$$= 0$$

が成り立つ．この式を θ_0 のまわりでテイラー (Taylor) 展開すると

$$\sum_{i=1}^n \frac{\partial}{\partial \theta} \log f(X_i, \theta_0) + (\hat{\theta}^* - \theta_0) \sum_{i=1}^n \frac{\partial^2}{\partial \theta^2} \log f(X_i, \tilde{\theta}) = 0$$

となる．ただし，$\tilde{\theta}$ は θ_0 と $\hat{\theta}^*$ との間の値である．これから

$$\sqrt{n}(\hat{\theta}^* - \theta_0) \left(-\frac{1}{n} \sum_{i=1}^n \frac{\partial^2}{\partial \theta^2} \log f(X_i, \tilde{\theta}) \right) = \frac{1}{\sqrt{n}} \sum_{i=1}^n \frac{\partial}{\partial \theta} \log f(X_i, \theta_0)$$

と書き換えられる．一致性から n が大きくなると $\hat{\theta}^* \to \theta_0$ となるので，このとき $\tilde{\theta} \to \theta_0$ となる．したがって，大数の法則により

$$-\frac{1}{n} \sum_{i=1}^n \frac{\partial^2}{\partial \theta^2} \log f(X_i, \tilde{\theta})$$
$$\to -E\left(\frac{\partial^2}{\partial \theta^2} \log f(X_i, \theta_0) \right) = I$$

に近づくことがわかる．ここで I はフィッシャー (Fisher) 情報量と呼ばれる量であるが，これについては11.4節で詳しく説明する．一方

$$Z = \frac{1}{\sqrt{n}} \sum_{i=1}^{n} \frac{\partial}{\partial \theta} \log f(X_i, \theta_0)$$

とおくと

$$E\left(\frac{\partial}{\partial \theta} \log f(X_i, \theta_0)\right) = 0$$

$$V\left(\frac{\partial}{\partial \theta} \log f(X_i, \theta_0)\right) = E\left(\frac{\partial}{\partial \theta} \log f(X_i, \theta_0)\right)^2 = I$$

であるから，$n \to \infty$ となるとき中心極限定理により Z の分布は平均 0，分散 I の正規分布 $N(0, I)$ に近づく。つまり

$$\sqrt{n} I(\hat{\theta}^* - \theta_0) \sim N(0, I)$$

であるので

$$\sqrt{n}(\hat{\theta}^* - \theta_0) = \frac{Z}{I} \sim N\left(0, \frac{I}{I^2}\right) = N\left(0, I^{-1}\right)$$

となる。これをまとめると以下の定理 11.2 のようになる。

定理 11.2

$f(x) > 0$ が連続で，2 階微分可能ならば，$\sqrt{n}(\hat{\theta}^* - \theta_0)$ は $n \to \infty$ で正規分布 $N(0, I^{-1})$ に近づく。

より直観的には最尤推定量は

$$E(\hat{\theta}^* | \theta_0) = \theta_0 + o\left(\frac{1}{\sqrt{n}}\right)$$

$$V(\hat{\theta}^* | \theta_0) = \frac{1}{nI} + o\left(\frac{1}{n}\right)$$

という性質を持つと考えられる。ただし $o(g(n))$ は，n が大きくなると $g(n)$ より速く 0 に近づくことを意味している。すなわち $n \to \infty$ のとき $f(n)/g(n) \to 0$ となることを $f(n) = o(g(n))$ で表している。これより n が大きくなると平均値は真の母数 θ_0 に近づくのでほぼ不偏性が成り立ち，また $1/(nI)$ という大きさの分散を持つと考えられる。これは 11.4 節で述べるクラメール・ラオ (Cramér-Rao) の不等式の下界に相当し，不偏な推定量の最小の分散となっている。n が大きくなったとき成り立つこれらの性質をそれぞれ<u>漸近不偏性</u>，<u>漸近有効性</u>という。

11.4 クラメール・ラオの不等式

分布の形がわかっている場合，密度関数が適当な正則条件を満たしているならば推定量の分散の下界に関してつぎの重要な定理 11.3 が成り立つ．

定理 11.3 (クラメール・ラオの不等式)

$X_1, X_2, \cdots, X_n$ はたがいに独立で，母数 θ_0 の密度関数 $f(x, \theta_0)$ を持つ分布に従うとする．このときフィッシャー情報量 I を

$$I = E\left(\left(\frac{\partial}{\partial \theta} \log f(X, \theta_0)\right)^2\right)$$
$$= -E\left(\frac{\partial^2}{\partial \theta^2} \log f(X, \theta_0)\right) \qquad (11.2)$$

で定義すると，任意の不偏推定量 $\hat{\theta}$ について

$$V(\hat{\theta}) \geqq \frac{1}{nI} \qquad (11.3)$$

が成り立つ．

証明 まず，$\int f(x, \theta) dx = 1$ の両辺を θ について微分すると

$$0 = \int \frac{\partial}{\partial \theta} f(x, \theta) dx$$
$$= \int \frac{\frac{\partial}{\partial \theta} f(x, \theta)}{f(x, \theta)} f(x, \theta) dx$$
$$= \int \left(\frac{\partial}{\partial \theta} \log f(x, \theta)\right) f(x, \theta) dx$$
$$= E\left(\frac{\partial}{\partial \theta} \log f(X, \theta)\right)$$

を得られるが，これをさらにもう一度微分すると

$$0 = \frac{\partial}{\partial \theta}\left(\int \left(\frac{\partial}{\partial \theta} \log f(x, \theta)\right) f(x, \theta) dx\right)$$
$$= \int \left(\frac{\partial^2}{\partial \theta^2} \log f(x, \theta)\right) f(x, \theta) dx$$

$$+ \int \left(\frac{\partial}{\partial \theta} \log f(x,\theta)\right) \left(\frac{\partial}{\partial \theta} f(x,\theta)\right) dx$$
$$= \int \left(\frac{\partial^2}{\partial \theta^2} \log f(x,\theta)\right) f(x,\theta) dx + \int \left(\frac{\partial}{\partial \theta} \log f(x,\theta)\right)^2 f(x,\theta) dx$$
$$= E\left(\frac{\partial^2}{\partial \theta^2} \log f(X,\theta)\right) + E\left(\left(\frac{\partial}{\partial \theta} \log f(X,\theta)\right)^2\right)$$

となり，任意の母数 θ においてフィッシャー情報量 I の二通りの定義が等しいことが確認できる。

$\hat{\theta} = \hat{\theta}(X_1, X_2, \cdots, X_n)$ を不偏推定量とすると，不偏性の定義式 (9.4) より任意の母数 θ において

$$\int \hat{\theta}(x_1, x_2, \cdots, x_n) \prod_{i=1}^{n} f(x_i, \theta) dx_i = \theta$$

が成り立つ。両辺を θ で微分すると

$$\int \hat{\theta}(x_1, x_2, \cdots, x_n) \frac{\partial}{\partial \theta} \prod_{i=1}^{n} f(x_i, \theta) dx_i = 1$$

を得る。一方

$$\int \prod_{i=1}^{n} f(x_i, \theta) dx_i = 1$$

であるから

$$\int \frac{\partial}{\partial \theta} \prod_{i=1}^{n} f(x_i, \theta) dx_i = 0$$

なので

$$\int (\hat{\theta} - \theta) \frac{\partial}{\partial \theta} \prod_{i=1}^{n} f(x_i, \theta) dx_i = 1$$

となる。ここで

$$\frac{\partial}{\partial \theta} \prod_{i=1}^{n} f(x_i, \theta) = \sum_{j=1}^{n} \frac{\partial}{\partial \theta} f(x_j, \theta) \frac{\prod_{i=1}^{n} f(x_i, \theta)}{f(x_j, \theta)}$$
$$= \sum_{j=1}^{n} \frac{\partial}{\partial \theta} \log f(x_j, \theta) \prod_{i=1}^{n} f(x_i, \theta)$$
$$= \left(\sum_{i=1}^{n} \frac{\partial}{\partial \theta} \log f(x_i, \theta)\right) \prod_{i=1}^{n} f(x_i, \theta)$$

を使って書き換えると

$$\int (\hat{\theta} - \theta) \left(\sum_{i=1}^{n} \frac{\partial}{\partial \theta} \log f(x_i, \theta)\right) \prod_{i=1}^{n} f(x_i, \theta) dx_i = 1$$

11.4 クラメール・ラオの不等式

となるが,コーシー・シュワルツ (Cauchy-Schwarz) の不等式を用いると

$$\int (\hat{\theta}-\theta)^2 \prod_{i=1}^n f(x_i,\theta)dx_i \times \int \left(\sum_{i=1}^n \frac{\partial}{\partial \theta}\log f(x_i,\theta)\right)^2 \prod_{i=1}^n f(x_i,\theta)dx_i$$
$$\geq \int (\hat{\theta}-\theta)\left(\sum_{i=1}^n \frac{\partial}{\partial \theta}\log f(x_i,\theta)\right)\prod_{i=1}^n f(x_i,\theta)dx_i$$
$$= 1$$

という不等式が得られる.

$$\int \left(\frac{\partial}{\partial \theta}\log f(x,\theta)\right) f(x,\theta)dx = E\left(\frac{\partial}{\partial \theta}\log f(X,\theta)\right) = 0$$

であったので,これを用いると

$$\int \left(\sum_{i=1}^n \frac{\partial}{\partial \theta}\log f(x_i,\theta)\right)^2 \prod_{i=1}^n f(x_i,\theta)dx_i$$
$$= E\left(\left(\sum_{i=1}^n \frac{\partial}{\partial \theta}\log f(X_i,\theta)\right)^2\right)$$
$$= E\left(\sum_{i=1}^n \left(\frac{\partial}{\partial \theta}\log f(X_i,\theta)\right)^2\right)$$
$$= nE\left(\left(\frac{\partial}{\partial \theta}\log f(X,\theta)\right)^2\right) = nI$$

となる.これらを使ってまとめると

$$V(\hat{\theta}) \times nI \geq 1$$

となり題意が証明された. ♠

密度関数に関する適当な条件とは,この場合母数 θ について微分できること,また定理に表れる導関数の平均などが存在しなくてはならないことだと考えておけばよい.これは導関数が極端に大きな値を取らないことを要請しており,直観的には密度関数が母数 θ に関して滑らかに変化していることをいっている.

注意しなくてはいけないのは,一般にこの下界を達成する不偏推定量が簡単に構成できるとは限らないことである.

11.3 節で述べたように,一般に最尤推定量の不偏性は漸近的にしか成り立たないが,その分散は定理 11.3 で示された下界を漸近的に達成している.この意味で最尤推定量はかなり実用的な推定方式であることがわかる.しかし一方

で最尤推定は万能ではない.例えば少数サンプルの場合,外れ値 (outlier) があると過剰に反応 (overfit) しやすいという性質がある.これは対数尤度 $\log f$ が有界でないため,本来あまり起こらないはずの確率密度の小さい見本点がたまたま観測された場合,この値の影響を非常に強く受けてしまうためである.こうした影響を逃れるための方法もまたいろいろ提案されている.

また確率分布に関する事前知識がない場合には尤度関数を決めることができないため,そのままでは適用できない.こうした場合なんらかの仮定を立てて尤度関数を考える必要があるが,その仮定が正しいかどうかを十分吟味することなく機械的に最尤法を利用するのは危険な場合もあるので,注意しなくてはならない.

いずれにせよ弱点を十分に知ったうえで,吟味して使えば最尤推定は非常に有効な道具である.

質問 11.1 最尤推定量がよいことはなんとなくわかりましたが,実問題ではやはり誤差の分布の形がきちんとわからないことが多いと思います.分布を間違えて使うととんでもないことになるのでしょうか.また,外れ値に弱いとありますが,そういった悪影響を避ける方法はないのでしょうか.

答え 11.1 多くの場合,真の分布が想定した分布と極端に離れていないのであれば,それなりによい精度の推定値を与えるようです.だからといって安心せずに,*12* 章で述べる検定の考え方を用いると,観測値が仮定した分布に従っているかどうかを吟味する方法はあるので,実際の問題ではそうした検定を使って仮定をチェックすることは大事でしょう.

　また,外れ値や仮定する分布の間違いの影響をできるだけ受けずに推定を行うことを考えるロバスト推定というものもあります.これは,真の分布が想定した分布からある程度離れていても推定の精度があまり変化しないような方法を考えるものです.外れ値も想定した分布からのずれとして扱うことによって,外れ値の影響を受けにくいロバスト推定の方法というものもあります.*9* 章であげたトリム推定などは,この方法の一つです.

章 末 問 題

【1】 観測値 X が未知母数 θ に加法的な誤差 ε がのった確率モデル
$$X = \theta + \varepsilon$$
を考える．いま誤差が平均 0，分散 σ^2 の正規分布に従うとする．n 個の独立な観測値 $X_1, X_2, \cdots, X_n$ が得られるとき，つぎの推定量をそれぞれ計算せよ．
 (a) θ の最尤推定量
 (b) σ^2 の最尤推定量

【2】 問題【1】と同様な確率モデルにおいて加法的な誤差 ε が，確率密度
$$f(\varepsilon) = \begin{cases} \dfrac{1}{2} & (-1 \leq \varepsilon \leq 1) \\ 0 & (\text{上記以外}) \end{cases}$$
で表される区間 $[-1, 1]$ 上の一様に従うとする．このとき θ の最尤推定量を求めよ．

【3】 問題【2】と同様な確率モデルにおいて加法的な誤差 ε が，確率密度
$$f(\varepsilon) = \frac{1}{2} e^{-|\varepsilon|}$$
で表される両側指数分布に従うとする．このとき θ の最尤推定量を求めよ．

12 仮説検定

母数推定と並んで統計の重要な部分を占める考え方に仮説検定がある。例えば、新しく作った機械が、設計どおりの精度で製品を作ることができているかどうか調べることを考えよう。この機械が作るすべての製品を取り出して検査を行えば確かに設計どおりであるかどうかわかるが、製品を破壊しなくては検査できないような場合には、適当な方法で抜き取り、検査することになる。抜き取った少数の製品の精度の平均や分散は、真の平均や分散とずれるが、これが設計した値と比べて妥当であるかどうかを判定するのが、検定の問題である。このように仮説検定は、観測されたデータと想定する仮説が矛盾していないかどうかチェックする方法である。その背景には推定された母数、あるいは観測されたデータから計算される特定の統計量の性質を調べ、それがどういう確率分布に従うのかという考察が必要となる。本章では、これまで考えてきた単純なモデルをもとに検定の考え方をまとめることにする。

12.1 仮説検定の枠組み

まずいくつか例を考えてみる。

例 12.1 ある工場で製造される機械の寿命は、平均 μ 時間であることが望まれている。n 個の機械をランダムに選び耐久試験をしたところ、寿命はそれぞれ $X_1, X_2, \cdots, X_n$ であった。この機械の平均寿命は μ であるといえるだろうか。

例 12.2 A県とB県で生産されたリンゴの甘さの違いを調べるために,ある八百屋で売られているそれぞれのリンゴ一山の糖度を調べたとする。一つひとつの甘さはばらついているので,それぞれの標本平均を計算したところ

$$X_1, X_2, \cdots, X_n \to \hat{\mu}_A = \bar{X}$$

$$Y_1, Y_2, \cdots, Y_m \to \hat{\mu}_B = \bar{Y}$$

となった。$\hat{\mu}^X$ と $\hat{\mu}^Y$ を比べることによって,本来の平均値が等しい

$$\mu_A = \mu_B$$

といえるだろうか。

例 12.3 A社とB社の開発した二つの文字認識機械がある。n 個の文字に対してその性能を調べたところ

	1	2	3	...	n	
A社	○	○	×	...	○	: 98.1%
B社	×	○	○	...	○	: 98.0%

のような正答率を示した。このときA社の機械はB社より優れているといえるだろうか。

これらは,確率的なゆらぎを伴って観測されるデータに基づいて,想定している仮説が正しいか否かを統計的に判定し,意思決定を行うための指針を与えることを目的とする典型的な検定の問題になっている。

以下では,例 12.2 に述べた二つの群の平均を比較して差があるかどうかを検定する問題を具体的に考えてみることにする。

まず,二つの異なる実験を考える。母数推定のところで考えてきたように,観測値は最も単純な確率モデルに従うとする。すなわち,それぞれの観測値はある母数を中心に誤差が加わっており,得られた二通りの観測値の組は

$$X_i = \theta_1 + \varepsilon_{1i} \quad (i = 1, \cdots, n) \tag{12.1}$$

$$Y_j = \theta_2 + \varepsilon_{2j} \quad (j = 1, \cdots, m) \tag{12.2}$$

と記述できるとする。

以降の議論を簡単にするために以下の仮定をおく。

仮定 1 $\varepsilon_{1i}, \varepsilon_{2j}$ はたがいに独立に同一の分布に従う。

仮定 2 $E(\varepsilon_{1i}) = E(\varepsilon_{2j}) = 0$ (誤差の平均は 0)

$E(\varepsilon_{1i}^2) = E(\varepsilon_{2j}^2) = \sigma^2 < \infty$ (誤差の分散は同一で既知)

仮定 3 $\varepsilon_{1i}, \varepsilon_{2j}$ は正規分布に従う。

さてここで問題としているのは $\theta_1 = \theta_2$ とみなしてよいかどうかを考えることである。このとき調べるべき命題「$\theta_1 = \theta_2$」を**統計的仮説** (**帰無仮説**)、あるいは単に**仮説**という。

まず誤差の分布に正規分布を仮定しているので、θ_1, θ_2 の推定量としては標本平均

$$\hat{\theta}_1 = \bar{X} = \sum \frac{X_i}{n}$$
$$\hat{\theta}_2 = \bar{Y} = \sum \frac{Y_j}{m}$$

を考えればよい。ところで仮説が正しくて $\theta_1 = \theta_2$ であったとしても、観測値から計算される推定値 $\hat{\theta}_1, \hat{\theta}_2$ は推定誤差を含んでいるので、まったく同じになることはほどんどないであろう。しかしながら直観的には

$|\hat{\theta}_1 - \hat{\theta}_2|$ が小さい $\Rightarrow$ 同じと思ってよい

$|\hat{\theta}_1 - \hat{\theta}_2|$ が大きい $\Rightarrow$ どうやら違うらしい

と考えられる。この直観をどのように数学的な枠組みにのせるかが問題であるが、以下のように考えることができる。

$\hat{\theta}_1, \hat{\theta}_2$ はそれぞれ正規分布に従うが、仮定が正しいならばその差

$$\hat{\theta}_1 - \hat{\theta}_2 = \bar{X} - \bar{Y}$$

は

平均 0

分散 $\left(\frac{1}{n} + \frac{1}{m}\right)\sigma^2$

の正規分布に従う。これを正規化 (分散が 1 になるように定数倍) して

$$T = \sqrt{\frac{nm}{n+m}} \cdot \frac{\bar{X} - \bar{Y}}{\sigma}$$

という統計量を考えると，T は仮説が正しいとき

 平均   0

 分散   1

の正規分布に従うことがわかる。

ここで，正規分布の密度関数はわかっているので，$|T| > u_{\alpha/2}$ という事象が起こる確率が α となるような $u_{\alpha/2}$ という値

$$P(|T| > u_{\alpha/2}) = \alpha$$

を考えることにする。この α の値を**有意水準**，あるいは**水準**という。実際によく使われる値は 0.05 とか 0.01 などである（図 **12.1**）。

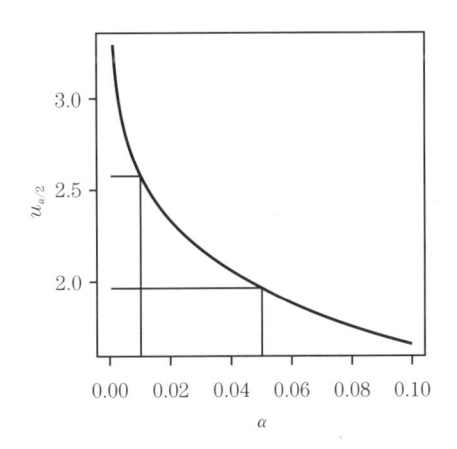

図 **12.1** 正規分布における α と $u_{\alpha/2}$ の関係

さて，仮説が正しいのなら $|T| > u_{\alpha/2}$ という事象は確率 α 程度でしか起こらない。すなわち "滅多に起こらない" といえる。したがって，$|T| > u_{\alpha/2}$ が起こったのなら，"滅多に起こらないことが起こった" ということであり，仮説はあやしいと考えられる。統計量 T を値 $u_{\alpha/2}$ と比べ，$|T| > u_{\alpha/2}$ の場合に仮説が正しくないであろうと判定することを "**仮説を (有意) 水準 α で棄却 (reject) する**" という。逆に仮説が正しいであろうと判定することを "**仮説を受容 (accept) する**" という。

12. 仮説検定

以上が統計的仮説検定の基本的な考え方である。

一般には以下のような手続きになる。

(1) 観測値から計算される検定統計量 T を定める。

(2) 帰無仮説が正しいとして T の分布を求める。

(3) 十分小さい α を定め，仮説が正しいとき

$$P(T \in C_\alpha) = \alpha$$

となる領域 C_α を決める。この領域を**棄却域**(critical region) という。

(4) 観測された T が C_α に入れば仮説を棄却 (reject)，C_α に入っていなければ仮説を受容 (accept) する。

以上述べた方法は，分布の両側に棄却域を設定する**両側検定**であるが，仮説によっては分布の片側だけに棄却域を設定する**片側検定**もある (図 **12.2**)。

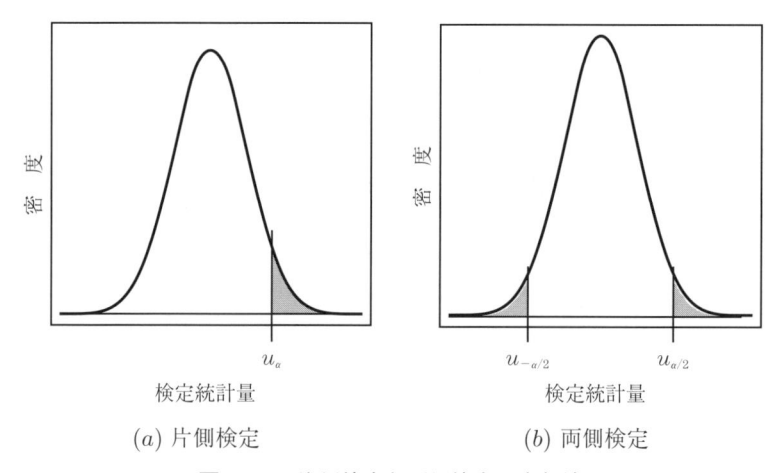

(a) 片側検定

(b) 両側検定

図 **12.2** 片側検定と両側検定の棄却域

また棄却域は検定を行うものが決めるため左右不均衡であったり，端以外の領域を指定することもできるが，それがどういう意味をもつかについては 12.3 節に述べる対立仮説を考慮しなくてはならない（図 **12.3**）。

注意しなくてはいけないのは

棄却される ⇒ 仮説が正しくない

受容される ⇒ 仮説が正しい

12.1 仮説検定の枠組み

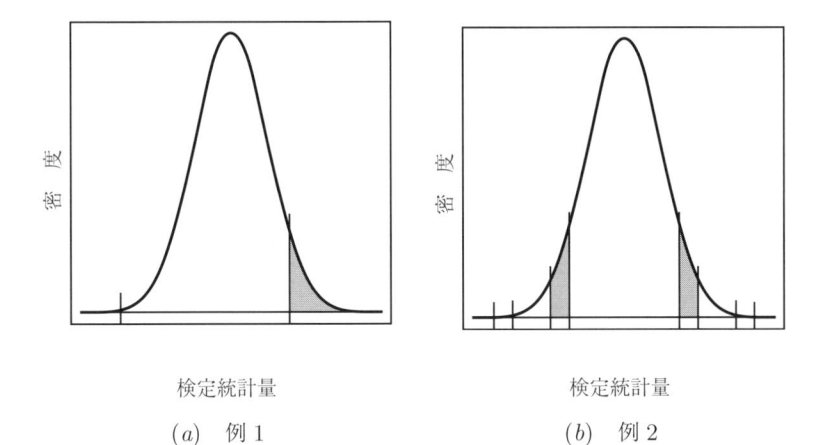

(a) 例 1

(b) 例 2

棄却域は自分で設計してよいので，図のようなものも可能であるが，これが意味を持つかどうかは吟味する必要がある

図 **12.3**

といっているわけではないことである。あくまで

棄却される ⇒ 非常に疑わしい

受容される ⇒ 正しくないというには証拠不十分

といっているに過ぎない。一見消極的なようにも思えるが，観測値が確率的である限りは絶対的な判断はできないことを念頭におかなくてはいけない。

例 12.1 についても同様に仮説検定を考えてみる。

考えるべき問題は，確率モデル

$$X_i = \theta + \varepsilon \quad (i=1,\cdots,n, \varepsilon \sim N(0,\sigma^2))$$

のもとで

帰無仮説: $\theta = \mu$

の検定を行うことである。ただし分散 σ^2 は既知であるとする。

θ の推定値としては

$$\hat{\theta} = \bar{X} = \frac{X_1 + X_2 + \cdots + X_n}{n}$$

を用いればよいが，このときこの推定量は

$$E(\hat{\theta}) = \theta$$
$$V(\hat{\theta}) = \frac{\sigma^2}{n}$$

の正規分布に従う。ここで

$$T = \frac{\sqrt{n}(\bar{X} - \mu)}{\sigma}$$

という検定統計量を考えると、帰無仮説が正しい、つまり $\theta = \mu$ ならば T は標準正規分布に従う。

例えば $T > 1.96$ という値が出る確率は、帰無仮説が正しい場合にはたかだか 2.5% であり、滅多に起こらない事象といえる。$T < -1.96$ という状況も同様に考えることができる。したがって $|T| > 1.96$ の値が出た場合帰無仮説はあやしいとして棄却する

$|T| > 1.96 \Rightarrow$ 有意水準 0.05 で帰無仮説は棄却される

というルールを作ることができる。

ただし $|T| > 1.96$ は "起こらない" のではなく、"滅多に起こらない" のだから間違える場合もあることに注意する。このような間違いは**第1種の過誤**と呼ばれる。

12.2 さまざまな検定統計量

12.1 節では、非常に簡単な確率モデルでの平均値に関する検定を扱ったが、現実の場面でよく現れる問題と、それに対応する検定統計量とその分布についてまとめる。

以下では、観測値が正規分布に従うとした例 12.2 のリンゴの糖度の問題を例とする。ただし、11.1 節の例とは異なり分散はわかっていないとする。

例 12.4 (分散の検定) A 県で生産されたリンゴの糖度のばらつきは、昨年調べたところ σ_0^2 であった。今年になって、ある八百屋で売られているリンゴの糖度を調べたところ

12.2 さまざまな検定統計量

$$X_1, X_2, \cdots, X_n \to \hat{\mu} = \bar{X} = \frac{1}{n}\sum_{i=1}^{n} X_i, \quad \text{(標本平均)}$$

$$\hat{\sigma}^2 = \frac{1}{n-1}\sum_{i=1}^{n}(X_i - \hat{\mu})^2 \quad \text{(不偏分散)}$$

であった．今年のリンゴの甘さのばらつき σ^2 は，昨年と同じ

$$\sigma^2 = \sigma_0^2$$

といえるだろうか．

まず，この検定に必要な確率分布を述べておこう．

ν 個の標準正規分布に従う確率変数 $Y_1, Y_2, \cdots, Y_\nu$ の 2 乗和

$$X = Y_1^2 + Y_2^2 + \cdots + Y_\nu^2$$

の分布を自由度 ν の χ^2-分布といい，その密度関数 $f(x)$ は見本空間 $[0, \infty)$ 上で

$$f(x) = \frac{1}{2^{\nu/2}\Gamma(\nu/2)} x^{\nu/2-1} e^{-x/2} \tag{12.3}$$

と表される（図 **12.4**）．ただし $\Gamma(z)$ は Γ 関数で

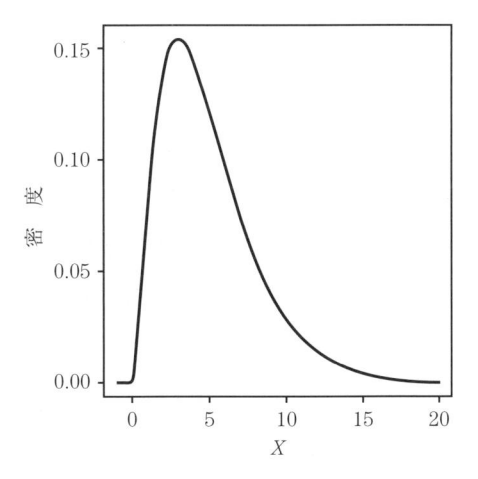

図 **12.4** χ^2-分布の密度関数 (自由度 5)

で定義される。

さて，検定統計量として
$$T = \frac{1}{\sigma_0^2} \sum_{i=1}^{n}(X_i - \hat{\mu})^2$$
を考える。

帰無仮説： $\sigma^2 = \sigma_0^2$

が正しいとすれば，不偏分散のところで計算したように，平均値の推定に情報を使っているので，T は $(n-1)$ 個の正規分布に従う確率変数の 2 乗和となり，検定統計量 T は自由度 $(n-1)$ の χ^2-分布に従う。したがって，有意水準 α に対しては

$$\int_0^{C_1} f(x)dx = \frac{\alpha}{2}, \quad \int_{C_2}^{\infty} f(x)dx = \frac{\alpha}{2}$$

となる C_1, C_2 を計算し

$$T \leq C_1 \text{ または } T \geq C_2$$

なら帰無仮説を棄却し

$$C_1 < T < C_2$$

なら受容するといった検定方式が構成できる。

なお，平均値が既知の場合には，n 個のデータすべてが分散の推定に使えるので，自由度は n となることに注意しなくてはいけない。

例 12.5 （分散が未知の場合の平均値の検定） A 県と B 県で生産されたリンゴの甘さが同じかどうかを検証するために，ある八百屋で売られている A 県のリンゴ一山の糖度を調べたところ

$$X_1, X_2, \cdots, X_n \to \hat{\mu} = \bar{X} = \frac{1}{n}\sum_{i=1}^{n} X_i,$$

$$\hat{\sigma}^2 = \frac{1}{n-1}\sum_{i=1}^{n}(X_i - \hat{\mu})^2$$

となった。B 県の糖度の平均が μ_0 とわかっているときに，A 県のリンゴの真の甘さ μ は B 県のリンゴの甘さと同じ

$$\mu = \mu_0$$

といえるだろうか。

分散が未知の場合には，その推定を行わなくてはならない。この場合検定統計量として

$$T = \frac{\sqrt{n}(\bar{X} - \mu_0)}{\hat{\sigma}}$$

を考える。ただし，$\hat{\sigma}^2$ は不偏分散

$$\hat{\sigma}^2 = \frac{1}{n-1} \sum_{i=1}^{n} (X_i - \bar{X})^2$$

である。このとき

帰無仮説 : $\mu = \mu_0$

が正しいならば，検定統計量 T は正規分布ではなく，以下のように定義される自由度 $(n-1)$ の t-分布に従う。

標準正規分布に従う確率変数 Y と自由度 $(\nu - 1)$ の χ^2-分布に従う確率変数 Z を用いて

$$X = \frac{Y}{\sqrt{Z/(\nu - 1)}}$$

で表される確率変数の分布を自由度 $(\nu - 1)$ の t-分布といい，その密度関数 $f(x)$ は見本空間 $(-\infty, \infty)$ 上で

$$f(x) = \frac{\Gamma(\nu/2)}{\Gamma(1/2)\Gamma((\nu-1)/2)} \left(\frac{1}{\nu-1}\right)^{1/2} \left(1 + \frac{x^2}{\nu-1}\right)^{-\nu/2} \tag{12.5}$$

と表される (図 **12.5**)。

棄却域は分散が既知の場合に正規分布を用いて設定したように，t-分布の密度関数を用いて同様に設定できる。すなわち有意水準 α に対しては

$$\int_{C_{\alpha/2}}^{\infty} f(x) dx = \frac{\alpha}{2}$$

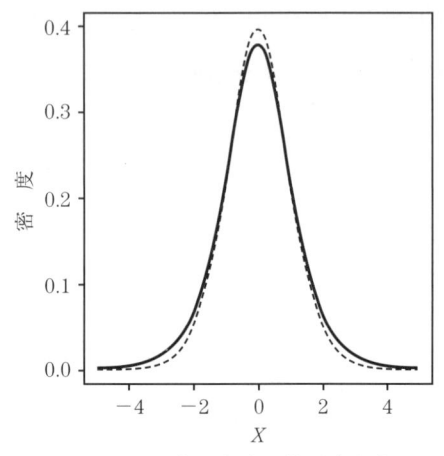

図 12.5 t-分布の密度関数（自由度 5，点線は標準正規分布）

となる $C_{\alpha/2}$ を計算し

$$|T| \geqq C_{\alpha/2}$$

なら帰無仮説を棄却し

$$|T| < C_{\alpha/2}$$

なら受容することにすればよい．

　分散が未知の場合の平均の差の検定についても，分散が同じであることがわかっている，あるいは以下に述べる分散の比の検定によって二つの分散が同じであることを確かめたうえで，同様に t-分布を用いて検定することができる．

例 12.6（分散の比の検定）　A 県と B 県で生産されたリンゴの甘さのばらつきの違いを調べるために，ある八百屋で売られているそれぞれのリンゴ一山の糖度を調べたとする．それぞれ

$$X_1, X_2, \cdots, X_n \to \hat{\mu}_A = \bar{X} = \frac{1}{n}\sum_{i=1}^{n} X_i,$$

$$\hat{\sigma}_A^2 = \frac{1}{n-1}\sum_{i=1}^{n}(X_i - \hat{\mu}_A)^2$$

$$Y_1, Y_2, \cdots, Y_m \to \hat{\mu}_B = \bar{Y} = \frac{1}{m}\sum_{i=1}^{m} Y_i,$$

$$\hat{\sigma}_B^2 = \frac{1}{m-1}\sum_{i=1}^{m}(Y_i - \hat{\mu}_B)^2$$

となった。二つの県のリンゴの甘さのばらつきは同じ

$$\sigma_A^2 = \sigma_B^2$$

といえるだろうか。

分散について

$$T_A = \frac{1}{\sigma_A^2}\sum_{i=1}^{n}(X_i - \hat{\mu}_A)^2$$

$$T_B = \frac{1}{\sigma_B^2}\sum_{i=1}^{m}(Y_i - \hat{\mu}_B)^2$$

という量を考えれば,それぞれ自由度 $(n-1), (m-1)$ の χ^2-分布に従うことがわかる。

帰無仮説 : $\sigma_A^2 = \sigma_B^2$

が正しいとすれば,その比

$$T = \frac{\sum_{i=1}^{n}(X_i - \hat{\mu}_A)^2}{\sum_{i=1}^{m}(Y_i - \hat{\mu}_B)^2}$$

は σ_A^2, σ_B^2 を知らなくても計算できるので,これを検定統計量とすることができる。

この検定に必要な分布は,以下の F-分布である。

自由度 ν_1 の χ^2-分布に従う確率変数 Y と自由度 ν_2 の χ^2-分布に従う確率変数 Z を用いて

$$X = \frac{Y/\nu_1}{Z/\nu_2}$$

で表される確率変数の分布を自由度 (ν_1, ν_2) の F-分布といい,その密度関数 $f(x)$ は見本空間 $[0, \infty)$ 上で

$$f(x) = \frac{\Gamma((\nu_1+\nu_2)/2)}{\Gamma(\nu_1/2)\Gamma(\nu_2/2)}\left(\frac{\nu_1}{\nu_2}\right)^{\nu_1/2} x^{\nu_1/2-1}\left(1+\frac{\nu_1}{\nu_2}x\right)^{-(\nu_1+\nu_2)/2}$$
(12.6)

と表される (図 **12.6**)。

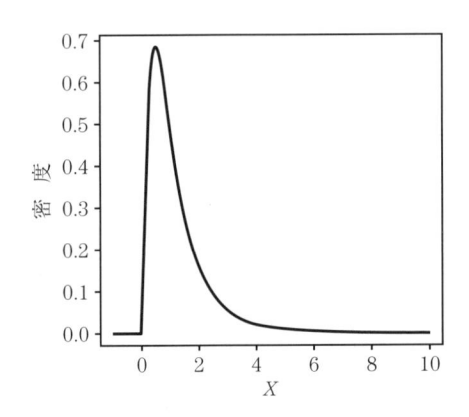

図 **12.6** F-分布の密度関数 (自由度 (5,10))

分散の検定と同様に分布が対称ではないので，有意水準 α に対しては

$$\int_0^{C_1} f(x)dx = \frac{\alpha}{2}, \quad \int_{C_2}^{\infty} f(x)dx = \frac{\alpha}{2}$$

となる C_1, C_2 を計算し

$$T \leq C_1 \text{ または } T \geq C_2$$

なら帰無仮説を棄却し

$$C_1 < T < C_2$$

なら受容すればよい。

12.3 過誤と検出力

推定量のところでその良否を論じたように，検定の方法の良否，すなわち棄却域のよさについても考えることができる．このためには検定すべき**帰無仮**

説と,その反対である**対立仮説**の二つを考える必要がある.一般には母数 θ が含まれる領域を用いて

帰無仮説: $\theta \in \Theta_0$

対立仮説: $\theta \in \Theta_1$

のように仮説を定める.このとき,つぎの 2 種類の誤り方が考えられる.

第 1 種の過誤　帰無仮説が正しいのに棄却する.

第 2 種の過誤　対立仮説が正しいのに,帰無仮説を受容する.

もちろんどちらの過誤の確率も小さいほどよいことはいうまでもない.さて第 1 種の過誤の確率は棄却域の定義より有意水準 α と一致する.一方,第 2 種の過誤の確率は棄却域と対立仮説の関係によって決まる."1−(第 2 種の過誤の確率)" は,対立仮説が正しいとき帰無仮説を棄却する確率を表すが,これを**検出力**(power) という.同じ有意水準の検定法の中では検出力の大きいものがよい検定法であると考えられる.

先の例 12.2 について検出力を考えてみよう.対立仮説を $\theta_1 \neq \theta_2$ とする.このとき

$$\delta = \sqrt{\frac{nm}{n+m}} \cdot \frac{\theta_1 - \theta_2}{\sigma}$$

とおくと

$$T = \sqrt{\frac{nm}{n+m}} \cdot \frac{\hat{\theta}_1 - \hat{\theta}_2}{\sigma}$$

は平均 δ,分散 1 の正規分布に従う.検出力は

$$P(|T| > u_{\alpha/2} | \delta)$$

で与えられるので,対立仮説で決まる δ の値に依存して,**図 12.7** に示される面積で与えられる.

補足として検定における帰無仮説と対立仮説のさまざまな設定の仕方についてまとめておく.母数が特定の値になるという形で仮説が書かれる場合

$$\theta = \theta_0$$

これを**単純仮説**という.一方,母数が一つの値ではなく,ある領域に含まれるという形で書かれる場合

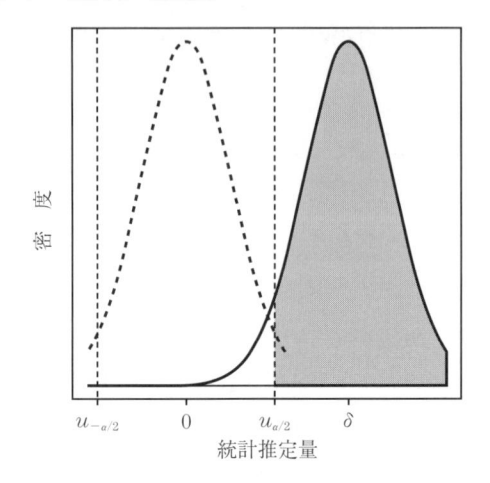

図 **12.7** 検 出 力

表 **12.1** 仮説の種類

	単純帰無仮説			複合帰無仮説		
帰無仮説	$\bar{X} = \mu$	$\bar{X} = \mu$	$\bar{X} = \mu$	$\bar{X} > \mu$	$a < \bar{X} < b$	...
対立仮説	$\bar{X} \neq \mu$	$\bar{X} > \mu$	$\bar{X} < \mu$	$\bar{X} < \mu$	それ以外	...
	両側検定	片側検定				

$$\theta \in \Theta_0$$

これを**複合仮説**という。**両側検定**，**片側検定**との組合せで**表 12.1** などの場合がある。

なお「帰無」とは「無に帰す」という意味で，捨て去ってよいかどうか検定するという意味合いがある。例えば

"新しい薬が古い薬の効き目と同じ"

"新しい機械の性能が古い機械の性能と同じ"

という帰無仮説は当然棄却したいという前提で検定される。本来こうした目的があって仮説検定は発展してきたという事情があるので，この名称は歴史的なものである。しかしながら，帰無仮説は一般には捨て去りたいことを示したい場合と，捨てられないことを示したい場合とがあることに注意する。

12.4 ネイマン・ピアソンの補題

12.3節で考えたように，同じ有意水準の検定方式では検出力の大きい方式ほど望ましい。検出力を最大にする検定を構成するうえで，重要な補題がつぎの形で与えられる。

補題 12.1（ネイマン・ピアソンの補題）

$X_1, \cdots, X_n$ がたがいに独立に母数 θ を含む密度関数 $f(x, \theta)$ を持つ分布に従うとする。

(単純) 帰無仮説を　$\theta = \theta_0$

(単純) 対立仮説を　$\theta = \theta_1$

とするとき，検出力を最大にする検定方式の棄却域は

$$\prod_{i=1}^{n} \frac{f(X_i, \theta_1)}{f(X_i, \theta_0)} > \lambda \tag{12.7}$$

で与えられる。ただし，ここで λ は

$$P\left(\prod_{i=1}^{n} \frac{f(X_i, \theta_1)}{f(X_i, \theta_0)} > \lambda \,\middle|\, \theta_0\right) = \alpha \tag{12.8}$$

となる定数である。

ここで式 (12.7) の右辺は**尤度比**と呼ばれる量である。

証明

$$\prod_{i=1}^{n} \frac{f(X_i, \theta_1)}{f(X_i, \theta_0)} > \lambda$$

が成り立つ $(X_1, \cdots, X_n)$ 範囲を C^* とする。

水準 α の任意の棄却域を C とする。このとき定義より

$$P((X_1, \cdots, X_n) \in C^* | \theta_0) = P((X_1, \cdots, X_n) \in C | \theta_0) = \alpha$$

となる。棄却域 C^*, C の検出力の定義はそれぞれ

$$P((X_1, \cdots, X_n) \in C^* | \theta_1)$$

$$P((X_1, \cdots, X_n) \in C | \theta_1)$$

158　　12. 仮 説 検 定

で与えられるから，その検出力の差を計算すると以下のようになる．
$$P((X_1,\cdots,X_n)\in C^*|\theta_1) - P((X_1,\cdots,X_n)\in C|\theta_1)$$
$$= \int_{C^*}\prod_{i=1}^n f(x_i,\theta_1)dx_i - \int_C \prod_{i=1}^n f(x_i,\theta_1)dx_i$$

積分領域を $C^*\cap C$, $\bar{C}^*\cap C$, $C^*\cap \bar{C}$ の三つに分けると，共通領域は消えて
$$= \int_{C^*\cap \bar{C}}\prod_{i=1}^n f(x_i,\theta_1)dx_i - \int_{\bar{C}^*\cap C}\prod_{i=1}^n f(x_i,\theta_1)dx_i$$

となる．$(X_1,\cdots,X_n)$ が C^* に入っていれば
$$\prod_{i=1}^n f(X_i,\theta_1) > \lambda \prod_{i=1}^n f(X_i,\theta_0)$$

となるので
$$\int_{C^*\cap \bar{C}}\prod_{i=1}^n f(x_i,\theta_1)dx_i \geq \lambda \int_{C^*\cap \bar{C}}\prod_{i=1}^n f(x_i,\theta_0)dx_i$$
$$\int_{\bar{C}^*\cap C}\prod_{i=1}^n f(x_i,\theta_1)dx_i \leq \lambda \int_{\bar{C}^*\cap C}\prod_{i=1}^n f(x_i,\theta_0)dx_i$$

が成り立つ．ただし，等号は $C^*\cap \bar{C} = \phi$ の場合を含めるためにつけた．これより
$$P((X_1,\cdots,X_n)\in C^*|\theta_1) - P((X_1,\cdots,X_n)\in C|\theta_1)$$
$$\geq \lambda \left(\int_{C^*\cap \bar{C}}\prod_{i=1}^n f(x_i,\theta_0)dx_i - \int_{\bar{C}^*\cap C}\prod_{i=1}^n f(x_i,\theta_0)dx_i \right)$$

さっきの逆を使って積分領域を書き直すと
$$= \lambda \left(\int_{C^*}\prod_{i=1}^n f(x_i,\theta_0)dx_i - \int_C \prod_{i=1}^n f(x_i,\theta_0)dx_i \right)$$
$$= \lambda \left(P((X_1,\cdots,X_n)\in C^*|\theta_0) - P((X_1,\cdots,X_n)\in C|\theta_0) \right)$$
$$= 0$$

したがって，任意の棄却域 C の検出力に対して
$$P((X_1,\cdots,X_n)\in C^*|\theta_1) \geq P((X_1,\cdots,X_n)\in C|\theta_1)$$
が成り立ち，題意が証明された． ♠

補題 12.1 の証明中の不等式が成り立つ範囲を C^* とし，水準 α の任意の棄却域を C とすると

　　第 1 種の過誤　$P((X_1,\cdots,X_n)\in C^*|\theta_0) = P((X_1,\cdots,X_n)\in C|\theta_0)$

　　第 2 種の過誤　$P((X_1,\cdots,X_n)\in C^*|\theta_1) \geq P((X_1,\cdots,X_n)\in C|\theta_1)$

が成り立つ。したがって C^* で定義される検定方式は同じ水準の検定方式の中で最大の検出力を持つ。このことから C^* で定義される検定方式を**最強力検定**という。

ネイマン・ピアソン (Neyman-Pearson) の補題は単純帰無仮説と単純対立仮説を検定する際に，同じ水準の棄却域の中で最も検出力の大きい検定方式が尤度比に基づいて与えられることを示している。これは推定問題で分布がわかる場合に，最尤推定量が性質のよい推定量となることにある種対応している。

また，一般に最強力検定は対立仮説に依存する。つまり対立仮説によって最強力検定の棄却域は変化するが，複合対立仮説を考えたとき，対立仮説すべての母数に対して最強力検定となる検定方式がある場合，これを**一様最強力検定**という。ただし，一般に一様最強力検定が存在するとは限らない。

質問 12.1 検定に使うときの統計量は，無限に考えられます。そうすると，どんな観測結果に対しても，必ず，対立仮設と帰無仮説と，それぞれを採択させる検定法が存在するということですね。検定でなにか意味のあることがわかるんでしょうか。

答え 12.1 検定における棄却・受容というのは，確率モデルに基づいて客観的な指標を与えるものであり，観測結果に基づいて検定方法を構成してもなんの意味もありません。検定法は検証したい仮説に基づいて，データを見る前にあらかじめ決めておくべきものといってもよいでしょう。観測されるデータの背後にある不確実性，不確定性が確率的なものであれば，検定統計量がどういった分布を持つのかは理論的に求められるわけですから，実際のデータが帰無仮説のもとでどのくらい起こりやすいものであるのか，その確率値を数学的に与えてくれます。もちろん，その確率が非常に小さくても起こらないわけではないので，仮説が正しいかどうかの判断は絶対的なものではないことに注意しなくてはいけませんが，仮説とデータの矛盾を調べる一つの指標であると考えることはできるでしょう。実際にこの確率値をどう使うかは，最終的に判断を下す私たちの側の問題だといえるでしょう。

章 末 問 題

【1】 N 回コイン投げをして K 回表が出たとする（例えば 100 回投げて 55 回表が出たという状況を考える）。

このコインにいかさまが施されているかどうか判定するにはどのようにすればよいか考えよ。

【2】 O 県と Y 県で採れた今年の桃の糖度（甘さ）を比較したい。糖度を測る測定器の示す値は

$$\text{O 県の桃の糖度} \quad X = \theta_1 + \varepsilon$$

$$\text{Y 県の桃の糖度} \quad Y = \theta_2 + \varepsilon$$

という確率モデルに従っているとする。ここで θ_1, θ_2 は各県の桃の糖度の平均である。また ε は糖度のばらつきを表す確率変数であり、二つの県はともに平均 0, 分散 4 の正規分布に従っていることがわかっている。

八百屋に行き、O 県産の桃 20 個の糖度 $X_1, X_2, \cdots, X_{20}$ と、Y 県産の桃 25 個の糖度 $Y_1, Y_2, \cdots, Y_{25}$ を測定したとする。θ_1, θ_2 の推定量として標本平均

$$\bar{X} = \frac{X_1 + X_2 + \cdots + X_{20}}{20}, \quad \bar{Y} = \frac{Y_1 + Y_2 + \cdots + Y_{25}}{25}$$

を用いるとして、その差について

帰無仮説 H_0：二つの県で糖度は同じ。すなわち $\theta_1 = \theta_2$ である

対立仮説 H_1：二つの県で糖度は異なる。すなわち $\theta_1 \neq \theta_2$ である

という仮説を考えて検定を行いたい。このとき、以下の問いに答えよ。

(a) 標本平均 $\bar{X}, \bar{Y}$、およびその差 $\bar{X} - \bar{Y}$ の分散を求めよ。

(b) 前問 (a) の結果を用いて、帰無仮説が正しいときに標準正規分布に従うような検定統計量 T を、標本平均の差 $\bar{X} - \bar{Y}$ を用いて構成せよ。

(c) 検定方法として、$|T| > c$ のとき帰無仮説を棄却するように棄却域を定めることを考える。有為水準が 5%（帰無仮説が正しいときに $|T| > c$ が起こる確率が 5% となる）となるように c を定めよ。

(d) 帰無仮説が正しくなく、じつは真の値が

$$\theta_1 = 15.4, \quad \theta_2 = 13.6$$

であるときに、前問 (c) の検定方法で誤って帰無仮説が受容される確率（第 2 種の過誤の確率）はどのくらいか。

(e) 実際にある八百屋で調べたところ
$$\bar{X} = 14.2, \quad \bar{Y} = 15.5$$
であった。このとき，前で定めた有為水準5%の検定で，帰無仮説は棄却されるか，されないか。また，cの値を変えて有為水準を1%とした場合は棄却されるか，されないか。

【3】 二つの手書文字認識機械A，Bがあるとする。試験用に10 000文字採取して，これを認識させたところ

　　　A：94.1%

　　　B：94.0%

の正答率であった。この場合，機械Aのほうが機械Bより優れているといえるであろうか。それを判定するための検定方法を自由に考えてみよ。

13 補　遺

本章では，統計学，およびその応用である機械学習の分野を学ぶために有用であると思われる参考図書についてまとめておく．

また，本書では扱わなかったが，工学分野でその応用が広がりつつあるベイズ統計について，その基本的な考え方を簡単にまとめておく．これは推定すべき未知母数の不確実さを確率として表現して，第 I 部の確率論のところで取りあげられたベイズの定理を推測や検定に応用するものである．

13.1 文　献

第 II 部では推定と検定の問題を扱ってきたわけであるが，ここで取り扱った問題は比較的簡単なものに限られている．より深く学ぶための統計学の成書は多岐に渡っているので，一つを選択するのは難しいが，例題が豊富でわかりやすく書いてある入門書的なものとして，まず

1) 国沢清典：数学セミナーリーディングス 統計学初歩，数学セミナー，日本評論社 (1974)

をあげておく．また，ある程度進んだ内容を学びたい者には

2) 竹村彰通：現代数理統計学，創文社 (1991)
3) 竹内　啓：数理統計学−データ解析の方法，東洋経済新報社 (1963)
4) E. L. Lehmann and George Casella: Theory of Point Estimation (2nd edition), Springer-Verlag (1998)
5) E. L. Lehmann: Testing Statistical Hypotheses (2nd Reprin edition),

Springer-Verlag (1997)

などを薦めておく．いずれも数学的な部分をきっちり書いてあるので内容は重いが，さらに進んで数理統計を系統立って学びたい者には役に立つと思う．

また，パターン認識など工学的な分野で研究されている学習理論を，統計的な側面から眺めたものとしては

6) Christopher M. Bishop: Neural Networks for Pattern Recognition, Oxford Univ. Pr. (1995)

7) Brian D. Ripley: Pattern Recognition and Neural Networks, Cambridge Univ. Pr. (1995)

8) Valdimir N. Vapnik: The Nature of Statistical Learning Theory, Springer-Verlag (1999)

9) Trevor Hastie, Robert Tibshirani and Jerome H. Friedman: The Elements of Statistical Learning: Data Mining, Inference, and Prediction, Springer-Verlag (2001)

などをあげておく．

またこれらの本にはいくつか参考図書も紹介されているので，それらも参考にしてもらいたい．

13.2 ベイズ統計

これまで述べてきた最尤推定のような推定法は，点推定と呼ばれるもので，未知母数をずばり一点で推定する方法である．もう少し堅苦しくいうと，確率空間 (Ω, P) において $P(\omega; \theta), \theta \in \Theta$ となるパラメトリックな確率法則を考え，未知母数 θ について推論する方法である．母数推定だけでなく，仮説検定においても基本的に点推定が大きな役割を担っている．

一方，母数を点で考えるのではなく，母数そのものも確率変数として捉えてやろうとする考え方もある．これが**ベイズ**(Bayes)**統計**と呼ばれる方法である．母数の分布に関する複雑な積分計算が伴うため，これまでは比較的簡単なモデ

ルに限られていたが，計算機の発達に伴って，最近はこうしたベイズ統計の考え方が，工学の種々の分野で複雑なモデルとともに用いられるようになってきた．本節ではベイズ統計の基本的な考え方を概説しておく．

13.2.1　ベイズ統計の考え方

未知母数 θ について抱く不確実性を，母数空間 Θ 上の確率分布として表現し，それを統計的推論に積極的に用いることを考える．この考え方の一つの利点は，推定を始める前に未知母数についてはなんとなくわかっている情報を，確率分布として表現することによって，自然に取り入れることが可能になることである．

観測前後における母数 θ の不確実性は，それぞれの時点において Θ 上の確率分布として

(1)　事前 (確率) 分布：観測以前に評価あるいは設定される

(2)　事後 (確率) 分布：観測以後に評価あるいは設定される

という形で表現される．

事前分布をどのように選ぶかについては，いろいろな議論があるが，事後分布の計算のしやすさを考えて共役分布族を用いたり，$p(\theta)$ や $p(x|\theta)$ が少しずれたとき，$p(\theta|x)$ にどの程度の影響を与えるかといった頑健性を考慮して選択される．

事後分布を求める手続きはつぎのようになる．

(1)　θ についての事前分布を設定し，この分布に従う確率変数 θ を考える．この事前分布の密度関数を $p(\theta)$ とする．

(2)　観測される確率変数 $X_1, X_2, \cdots, X_n$ は，真の母数が θ であるときに密度関数 $p(x_1, x_2, \cdots, x_n|\theta)$ を持つとする．

(3)　$X_1, X_2, \cdots, X_n$ を観測したという条件のもとで，θ の条件つき分布，すなわち事後分布の密度関数は，ベイズの定理によって

$$p(\theta|X_1, X_2, \cdots, X_n) = \frac{p(\theta, X_1, X_2, \cdots, X_n)}{p(X_1, X_2, \cdots, X_n)}$$

$$= \frac{p(\theta)p(X_1, X_2, \cdots, X_n|\theta)}{\int_\Theta p(\theta, X_1, X_2, \cdots, X_n)d\theta}$$

$$= \frac{p(\theta)p(X_1, X_2, \cdots, X_n|\theta)}{\int_\Theta p(\theta)p(X_1, X_2, \cdots, X_n|\theta)d\theta} \tag{13.1}$$

で与えられる。

この事後分布を用いて,分布の予測や検定を行うことになる。

13.2.2 ベイズ統計による推定と検定

求められた事後分布を統計的推測推定にどのようにして利用するかについてはいくつかの考え方がある。

まず,母数推定として最も単純な方法は,事後分布を用いて母数の一点を選ぶ点推定である。このとき選ばれた一点がどのくらいもっともらしいのかは,事後分布から自然に求めることができる。典型的な推定法としては,以下のものが考えられる。なお,以下の式では観測値は $D = (X_1, X_2, \cdots, X_n)$ で表している。

(1) 事後分布の平均

$$E(\theta|D) = \int \theta p(\theta|D)d\theta = \mu(D) \tag{13.2}$$

推定精度としては,標準偏差

$$V(\theta|D) = E\left((\theta - \mu(D))^2|D\right) = \sigma^2(D) \tag{13.3}$$

などを用いることができる。

(2) 事後分布の中央値 (median)

$$\int_{-\infty}^{\hat{\theta}} p(\theta|D)d\theta = \frac{1}{2} \tag{13.4}$$

推定精度としては,平均 2 乗誤差

$$E\left((\theta - \hat{\theta})^2|D\right) = E\left((\theta - \mu(D) + \mu(D) - \hat{\theta})^2|D\right)$$
$$= V(\theta|D) + (\hat{\theta} - \mu(D))^2 \tag{13.5}$$

や

$$\frac{1}{2}(1-r) = \int_{-\infty}^{a_1} p(\theta|D)d\theta = \int_{a_2}^{\infty} p(\theta|D)d\theta \qquad (13.6)$$

で定義される信用係数 r の信用区間 $[a_1, a_2]$ などが考えられる。

(3) 事後分布の最大値を与える値

$$\max_{\theta} p(\theta|D) = p(\hat{\theta}|D) \qquad (13.7)$$

推定精度としては，平均 2 乗誤差や

$$\frac{1}{2}r = \int_{a_1}^{\hat{\theta}} p(\theta|D)d\theta = \int_{\hat{\theta}}^{a_2} p(\theta|D)d\theta \qquad (13.8)$$

で定義される信用係数 r の信用区間 $[a_1, a_2]$ などが考えられる。

また，もっともらしい母数を含む領域を推定する区間推定が事後分布に基づいて簡単に実現できる。1 次元の場合には

$$P(\theta \in (a,b)|D) = \int_a^b p(\theta|D)d\theta = r \qquad (13.9)$$

という関係を用いて，信用係数 r の信用区間 (a,b) を定めることができる。多次元へは領域あるいは集合として自然に拡張されることがわかるだろう。

一方，ベイズ統計に基づく仮説検定は，一般に以下のような手続きとなる。まず，母数空間 Θ のある部分集合 Θ_0 に対して仮説 $H_0 : \theta \in \Theta_0$ を考える。仮説 H_0 の事前確率を

$$P(H_0) = P(\theta \in \Theta_0) = \int_{\Theta_0} p(\theta)d\theta \qquad (13.10)$$

仮説 H_0 の事後確率を

$$P(H_0|D) = P(\theta \in \Theta_0|D) = \int_{\Theta_0} p(\theta|D)d\theta \qquad (13.11)$$

でそれぞれ定義し，これを用いて仮説が正しいか否かの推論を行うことになる。

13.2.3　ベイズ統計の問題点

ベイズ統計においては，事前分布をどう設定するかということがつねに問題となる。

母数が確率変数であるといっても，母数は直接観測できるものではないし，また多くの場合繰り返し観測できるものでもない。また，ある分布から複数の観測値を得たとしても，母数そのものは一つしかないし，また通常は観測の間

に母数が変化するわけではない。したがって，事前分布はサイコロの目のような客観的な確率変数とは異なる。もちろん具体的な意味を持つ事前分布がある場合もあるが，一般には事前分布がなにを意味するかについての解釈は容易ではない。

主観的ベイジアンと呼ばれる極端な立場に立てば，「事前分布はデータを解析する統計家の純粋に主観的な判断を表す」とされる。このような考え方は一貫性はあるものの，事前分布を好き勝手に選んで統計的推測の結果を変えることができてしまうので，統計的推論の客観性が失われてしまうという批判がある。

一方，観測値の数がある程度多ければ事前分布の形状による推定量の性質への影響が少なくなるので，実際の応用から考えた場合には，計算しやすい事前分布 (共役事前分布など) を選ぶ場合が多いが，その事前分布の意味するところが，対象としている問題に則している保証はない。

結局のところ，ベイズ法における事前分布の選び方については，標準的な方法は確立していないというのが現状である。

章末問題解答

1章

【1】 表を 1, 裏を 0 とすると, $p(0,0) = 0.2, p(0,1) = 0.3, p(1,0) = 0.2, p(1,1) = 0.3$

【2】 $x = \tan\theta$ とおく。
$$1/B = \int_{-\infty}^{\infty} \frac{dx}{1+x^2} = \int_{-\pi/2}^{\pi/2} d\theta = \pi$$
$$P(\{0 \leqq x < 1\}) = \frac{1}{B}\int_0^{\pi/4} d\theta = 1/4$$

【3】 (a) 略

(b) $1/2 + 1/4 + \cdots + 1/2^9$

【4】 略

2章

【1】 Y が従う確率密度関数を $q(x)$ とすると
$$\int_{-\infty}^{a} q(x)dx = \int_0^{F(a)} dx$$
が成り立つので, 両辺を a で微分して $q(a) = p(a)$ を得る。

【2】 (a) $t = e^x$ とおくと
$$\frac{1}{A} = \int_{-\infty}^{\infty} \frac{dx}{e^x + e^{-x}} = \int_0^{\infty} \frac{dt}{1+t^2} = \frac{\pi}{2}$$

(b) 累積分布関数を $F(a)$ とすると
$$F(a) = \frac{2}{\pi}\int_{-\infty}^{a} \frac{dx}{e^x + e^{-x}} = \frac{2}{\pi}\int_0^{e^a} \frac{dt}{1+t^2} = \frac{2}{\pi}\tan^{-1}(e^a)$$

(c) 確率変数 Y を $Y = \log\tan(\pi X/2)$ と作ればよい。

【3】 関数 $\theta = \arctan(z, w)$ を, X 軸から反時計まわりに回るときのベクトル (z, w) の方向までの角度とする $(0 < \theta < 2\pi)$。(Z, W) が 2 次元正規分布
$$p(z, w) = \frac{1}{2\pi}\exp\left(-\frac{z^2 + w^2}{2}\right)$$

に従うことと
$$R = Z^2 + W^2$$
$$\Theta = \arctan(Z, W)$$
が確率密度関数
$$q(r,\theta) = \frac{1}{\pi}e^{-r/2} \quad (0 \leqq r < \infty, 0 \leqq \theta < 2\pi)$$
に従うこととは等価であるから，これを示せばよいが，それは R, Θ が X, Y から
$$R = \sqrt{-2\log X}$$
$$\Theta = 2\pi Y$$
と表されることから示される。

【4】 この問題は定義に従って容易に示すことができるが，つぎの重要な意味を持っている。
(1) 確率収束するが概収束しない例があることを意味している。
(2) この例は平均収束するが概収束しない例でもある。
(3) 一般に確率収束する確率変数の中からは，概収束する部分列が存在することが知られている。この問題はその具体的な例を与えている。
(4) 高さがだんだん高くなっていくものを考えると概収束するが平均収束しない例や，確率収束するが平均収束しない例を作ることができる。

3章

【1】 X, Y, Z について
$$V(X+Y+Z) = V(X) + V(Y) + V(Z) + 2E(XY) + 2E(YZ) + 2E(ZX)$$
$$- 2E(X)E(Y) - 2E(Y)E(Z) - 2E(Z)E(X)$$
となる。この関係は確率変数の個数が 4 個以上の場合にも一般化できる。

【2】 チェビシェフの不等式から $P(|X-10|<2t) \geqq 1 - 1/t^2$ が成り立つ。$1 - 1/t^2 = 0.9$ を満たす t は $t = \sqrt{10}$。したがって求める区間は
$$10 - 2\sqrt{10} < X < 10 + 2\sqrt{10}$$

【3】 (a) 例 3.6 の方法を $f(x) = |x|^p$ の場合にあてはめればよい。
(b) (a) の結果を利用すると
$$P(|X_n - X| > \varepsilon) \leqq E(|X_n - X|^p)/\varepsilon^p \to 0$$
が得られる。

【4】 まず，$g(y) = E_X(f(X,y))$ とおき，平均 $E_Y^*(\cdot)$ を
$$E_Y^*(h(Y)) = \frac{E_Y(h(Y)e^{g(Y)})}{E_Y(e^{g(Y)})}$$

とするとき，イェンセンの不等式を用いて
$$E_X(-\log E_Y^*(e^{f(X,Y)-g(Y)})) \leq 0$$
を示せばよい．

4章

【1】 (a) 特性関数を $\varphi(t)$ とすると
$$\varphi(t) = e^{-\lambda} \sum_{n=0}^{\infty} \frac{e^{itn}\lambda^n}{n!} = e^{\lambda(e^{it}-1)}$$
(b) 下の計算から平均も分散も λ である．
$$E(X) = (-i)\,\varphi'(0) = \lambda$$
$$E(X^2) = (-1)\,\varphi''(0) = \lambda^2 + \lambda$$

【2】 (a) 定義から
$$(\mathcal{F}f)(t) = \int_{-\infty}^{0} e^{itx}e^x dx + \int_{0}^{\infty} e^{itx}e^{-x} dx = \frac{1}{1+x^2}$$
(b) $(\mathcal{F}^{-1}f)(t) = (\mathcal{F}f)(-t)/(2\pi)$ を利用すると $e^{-|x|}/(2\pi)$．確率密度関数の無限遠での0への収束が遅ければ遅いほど，特性関数の原点では特異性が現れる．

【3】 X と Y が独立ならば
$$E(e^{t(X+Y)}) = E(e^{tX})\,E(e^{tY})$$
が成り立つことから得られる．

5章

【1】 (a) $p(x,0) = ap_0(x), p(x,1) = (1-a)p_1(x)$
(b) $p(x) = ap_0(x) + (1-a)p_1(x)$
(c) $p(n=1|x) = (1-a)p_1(x)/(ap_0(x) + (1-a)p_1(x))$
(d) (c) の条件つき確率を利用する．

【2】 $r(x) = p(n=1|x)$ が成り立つ．この場合には回帰曲線は事後確率と一致する．

【3】 (a) $pq + (1-p)(1-q)$
(b) $pq/(pq + (1-p)(1-q))$

6章

【1】 $E(Y) = E(f(X)), V(Y) = V(f(X))/n = (E(f(X)^2) - E(f(X))^2)/n$．中心極限定理により，$Y$ は平均が $E(f(X))$ で，分散が $V(f(X))/n$ の正規分布に法則収束する．

【2】 (a) 確率 p で 1, 確率 $(1-p)$ で 0 になる確率変数 X を考える。その平均は p, 分散は $p(1-p)$ である。この確率変数と同じ確率分布に従う独立な 10 000 個の確率変数の和を 10 000 で割って得られる確率変数 Y は, 平均が p で分散が $p(1-p)/10\,000$ である。また中心極限定理から, ほぼ正規分布に従うと考えてよい。したがって Y の実現値 $3\,500/10\,000$ は, 確率 0.99 以上で区間

$$p - \frac{3\sqrt{p(1-p)}}{100} < \frac{3\,500}{10\,000} < p + \frac{3\sqrt{p(1-p)}}{100}$$

に入る。これは, 確率 0.99 以上で

$$\frac{35}{100} - \frac{3\sqrt{p(1-p)}}{100} < p < \frac{35}{100} + \frac{3\sqrt{p(1-p)}}{100}$$

となることを意味している。したがって $p \approx 0.35$ であるから, 確率 0.99 以上で

$$0.335\,7 < p < 0.364\,3$$

であることがわかる。$p \approx 0.35$ であることは, 直観的にはすぐわかることであるが, 区間を知るために中心極限定理が役立っていることがわかる。

(b) 40 000 回。

【3】 中心極限定理から $S - S_n$ は平均が 0 で分散が

$$\frac{1}{n}\left(\int \frac{f(x)^2}{p(x)}dx - \left(\int f(x)dx\right)^2\right)$$

の正規分布に法則収束する。

7 章

【1】 $f(a,b) = a\log\dfrac{a}{b} + (1-a)\log\dfrac{1-a}{1-b}$

【2】 (a) $q_a(x) \propto \exp(-x^2/2)$ であるから

$$a^* = \frac{1}{n}\sum_{i=1}^{n} X_i$$

(b) 平均は 0, 分散は $1/n$ である。

【3】 近似誤差の主要項は $\log\log n$ である。

9 章

【1】 解図 9.1, 9.2 はデータ数 $n = 20$, 真の母数 $\theta = 3$, ε がコーシー分布, または正規分布に従うとして, データを生成し, 標本平均, トリム平均 (値の大きいものと小さいものをそれぞれ三つ除いた), 中央値の推定を行う数値実験を 500 回繰り返して, $[1,5]$ の範囲で推定値のヒストグラムを描いた例である。

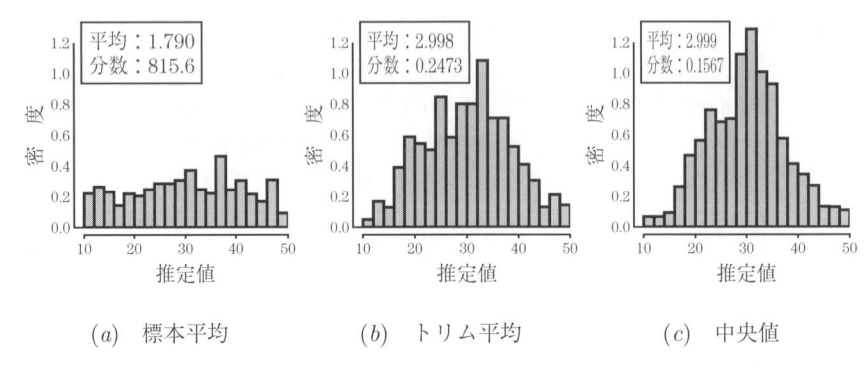

(a) 標本平均　　　(b) トリム平均　　　(c) 中央値

解図 9.1 コーシー分布の場合の推定値のヒストグラム

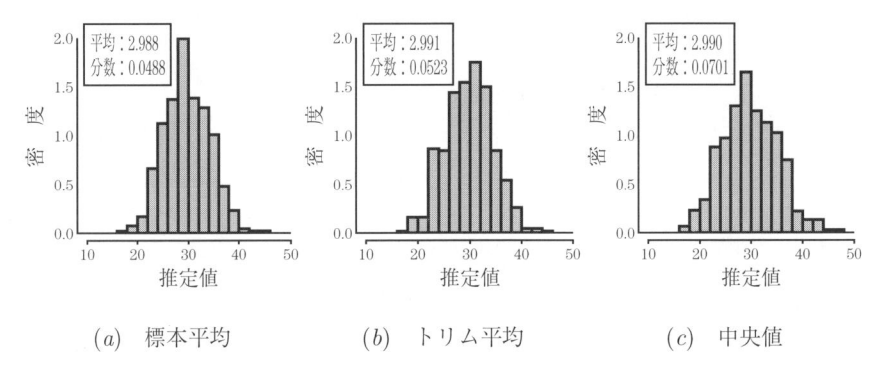

(a) 標本平均　　　(b) トリム平均　　　(c) 中央値

解図 9.2 正規分布の場合の推定値のヒストグラム

　コーシー分布は分散が存在しない（積分が発散する）分布の典型である。まず，推定値の平均（図中の四角の中に表示してある）を見ると，標本平均による推定値の平均は真の値から大きくずれていることがわかる。また，推定値の分散で評価されるばらつきも，標本平均はトリム平均や中央値に比べてきわだって大きく，あまりよい推定方法ではないことがわかる。

　逆に正規分布の場合には，いずれの方法も，その推定値の平均は真の値にきわめて近く，有限回の数値実験なので多少の誤差はいたしかたないとしても，不偏性が成り立っていることが確かめられる。また，ばらつきに関しては標本平均が最も少なく，正規分布に対してはよい推定方法であることがわかる。

　工学において多くの場合偶然変動（誤差）の分散は有界であるとするので，コーシー分布のような特殊な分布は扱わないが，上の数値実験によって，分布によってどの推定方法がよいかは変わってくることに注意してほしい。

10章

【1】 $\hat{\theta} = \bar{X} = \dfrac{1}{n}\sum_{i=1}^{n} X_i$　(標本平均)

【2】 不偏分散の平均を計算したときと同様に

$$E\left(\left(\sum_{i=1}^{n}(x_i - \bar{X})^2\right)^2\right)$$
$$= E\left(\left(\sum_{i=1}^{n}(X_i - \theta)^2 - n(\bar{X} - \theta)^2\right)^2\right)$$
$$= E\left(\sum_{i=1}^{n}(X_i - \theta)^2 \sum_{j=1}^{n}(X_j - \theta)^2 - 2n(\bar{X} - \theta)^2 \sum_{i=1}^{n}(X_i - \theta)^2 + n^2(\bar{X} - \theta)^4\right)$$

を計算すればよい。このとき，誤差の分散を σ^2，4次モーメントを m_4 とすると

$$E\left(\sum_{i=1}^{n}(X_i - \theta)^2 \sum_{j=1}^{n}(X_j - \theta)^2\right) = nm_4 + n(n-1)\sigma^4$$

$$E\left(n(\bar{X} - \theta)^2 \sum_{i=1}^{n}(X_i - \theta)^2\right) = m_4 + (n-1)\sigma^4$$

$$E(n^2(\bar{X} - \theta)^4) = \dfrac{1}{n}m_4 + \dfrac{3(n-1)}{n}\sigma^4$$

となる。したがって

$V(\text{不偏分散})$
$$= \dfrac{1}{(n-1)^2}\left(E\left(\left(\sum_{i=1}^{n}(X_i - \bar{X})^2\right)^2\right) - \left(E\left(\sum_{i=1}^{n}(X_i - \bar{X})^2\right)\right)^2\right)$$
$$= \dfrac{1}{n}(m_4 - 3\sigma^4) + \dfrac{2}{n-1}\sigma^4$$

11章

【1】 (a) $\hat{\theta} = \bar{X} = \dfrac{1}{n}\sum_{i=1}^{n} X_i$　(標本平均)

(b) $\hat{\sigma}^2 = \dfrac{1}{n}\sum_{i=1}^{n}(X_i - \bar{X})$　(標本分散)

【2】 $\hat{\theta} \in \left[\max_i X_i - 1, \min_i X_i + 1\right]$

この場合，尤度の最大値を与える $\hat{\theta}$ は一意に決められないことに注意する。

【3】 $\hat{\theta} =$ 中央値

12章

【1】 K は2項分布に従うので，「いかさまがない=裏表の出る確率は $1/2$」という帰無仮説のもとで，検定を考えればよい．すなわち，有意水準を α とするとき

$$\sum_{k=0}^{C} {}_N C_k \left(\frac{1}{2}\right)^N < \frac{\alpha}{2}$$

を満たす最大の C を求め

$\qquad K < C$ または $K > N - C$：帰無仮説を棄却

$\qquad C \leqq K \leqq N - C$：帰無仮説を受容

といった検定を考える．

あるいは N が十分大きいのであれば中心極限定理を用いることができ，帰無仮説のもとで

$$T = \sqrt{\frac{4}{N}}\left(K - \frac{N}{2}\right)$$

は標準正規分布に近づいていくので，これを用いてもよい．

【2】 (a) $V(\bar{X}) = 0.2,\ V(\bar{Y}) = 0.16,\ V(\bar{X} - \bar{Y}) = 0.36$

(b) $T = \dfrac{\bar{X} - \bar{Y}}{0.6}$

(c) $c = 1.96$

(d) 誤って帰無仮説が受容される確率（第2種の過誤の確率）は 0.149
（対立仮説が正しいとき $E(T) = 3$ なので，正規分布の密度関数の $1.96 - 3 = -1.04$ より小さい部分の面積を求めればよい）

(e) $T = -2.17$ なので，有為水準5%では棄却されるが，有為水準を1%では棄却されない．

【3】 以下はあくまで一例である．

判別結果が正しかったものを ○，間違ったものを × で表すことにすると，A，B 二つの機械による認識結果は

グループ	認識結果 A	B
(a)	○	○
(b)	○	×
(c)	×	○
(d)	×	×

の4通りにわかれ，試験用の 10 000 文字は (a), (b), (c), (d) 四つのグループに分類される．ここで A, B 両者の認識に食い違いのあった (b), (c) に注目する．(b), (c) に属する文字は認識できないわけではないが，その認識のされ方

はあいまいで，機械 A, B によって確率的に判断されていると考える．そこで機械 A と B は同じ認識率であるかどうかを考える代わりに，統計的仮説として

　　　　　グループ (b), (c) に属する文字を A は 1/2 の確率で正解する

を考えることにする．別のいい方をすれば，A が正解するか B が正解するかを決めるコインがあり，その裏表の出る確率が 1/2 であるかどうかを検定すると思えばよい．

(b), (c) に属する文字の総数を n，その差を D とすると，(b) に属する文字の数は $(n+D)/2$, (c) に属する文字の数は $(n-D)/2$ となる．上の仮説が正しいという仮定のもとで D の生起確率は 2 項分布に従うので

$$ {}_n C_{(n+D)/2} \left(\frac{1}{2}\right)^{(n+D)/2} \left(\frac{1}{2}\right)^{(n-D)/2} = {}_n C_{(n+D)/2} \left(\frac{1}{2}\right)^n $$

となり，したがって $D \geq u$ となる確率は

$$ \sum_{d=u}^{n} {}_n C_{(n+d)/2} \left(\frac{1}{2}\right)^n $$

によって計算される．

10 000 文字のうち 0.1% というのは 10 文字に相当するので，(b) に属する文字の数はちょうど 10 だけ (c) に属する文字の数より多いということになる．そこで例として

1. $n = 10$ (B が正解した文字はすべて A が正解した)
2. $n = 100$ (A が間違えた 45 文字を B が正解し，B が間違えた 55 文字を A が正解した)

を考えることにする．

それぞれの場合について $D \geq 10$ となる確率を計算すると

1. 0.000 98
2. 0.184

となり，1. の場合は仮説が正しいという仮定ではほとんど起こらず，有意水準 0.1% でも優劣の差がないという仮説は棄却されるが，2. の場合には A と B で 10 文字以上の違いが出ることは 20% 近く起こることになり，優劣の差がないという仮説を積極的に捨てにくくなっていく．したがって，単に認識率の数字を比べるだけでなく，どういった集合に対して正解と不正解が起きたかまで考えたほうがよいことがわかる．

索引

【い】

イェンセンの不等式	44
位置共変推定量	117
位置共変性	116
一様最強力検定	159
一様最小分散不偏推定量	113
一様分布	10
一致推定量	134
一致性	115, 134

【か】

カイ2乗 (χ^2-) 分布	30, 149, 150
回帰関数	63
回帰曲線	63
概収束	34
確率関数	3
確率空間	6, 14, 20
確率収束	34
確率測度	6, 14
確率分布	3, 7, 9, 14
確率変数	23
確率密度関数	9, 16
可算集合	2
加重平均	106
仮説	144
仮説検定	142
可測関数	24
片側検定	146
カルバック情報量	87
完全加法族	14

【き】

幾何平均	106
棄却	145

棄却域	146
期待値	38
帰無仮説	144, 154
キュムラント	55
キュムラント母関数	55

【く】

空事象	7
クラメール・ラオの不等式	137

【け】

検出力	155

【こ】

コーシー分布	22

【さ】

最強力検定	159
最尤推定量	131
サンプル平均	71

【し】

シグマ加法族	14
試行	7
事象	7
指数分布	13
実現値	7
自由エネルギー	55
周辺確率密度関数	31
受容	145
条件つき確率密度関数	60

【す】

水準	145
推定値	105

推定量	105

【せ】

正規分布	11
漸近不偏性	136
漸近有効性	136
全事象	7

【そ】

相対エントロピー	91

【た】

第1種の過誤	148, 155
第2種の過誤	155
大数の強法則	74
大数の法則	73
対立仮説	155
高々可算集合	2
畳み込み	34
単純仮説	155

【ち】

チェビシェフの不等式	42
中央値	105
中心極限定理	79

【て】

デルタ関数	17
典型系列	74

【と】

統計的仮説	144
同時確率密度関数	31
特性関数	48
独立	32
独立同一分布	104

索　引

トリム平均	106	
【に】		
2項分布	5	
【ね】		
ネイマン・ピアソンの補題		
	157	
【は】		
排反な事象	7	
【ひ】		
非可算集合	2	
ピットマン推定量	124	
非負定値関数	58	
標準正規分布	11	
標準偏差	38	
標本空間	7	
標本分散	115	
標本平均	71, 105	
【ふ】		
フィッシャー情報量	135	
複合仮説	156	
不偏	107	

不偏性	107	
不偏分散	115	
フーリエ変換	50	
分散	38	
分散共分散行列	16	
分配関数	55	
分布関数	19	
【へ】		
平均	38	
平均値	38	
平均ベクトル	16	
ベイズ統計	163	
ベイズの定理	60	
【ほ】		
ポアソン分布	59	
法則収束	35, 76	
ボルツマン分布	17	
ボレル集合族	14	
【ま】		
マルコフの不等式	43	
【め】		
メディアン	41	

【も】		
モーメント	54	
モーメント母関数	55	
モンテカルロ法	86	
【ゆ】		
有意水準	145	
有限集合	2	
尤度関数	131	
尤度比	157	
【よ】		
余事象	7	
【り】		
両側検定	146	
【る】		
累積分布関数	19	
【れ】		
レビーの定理	78	

Γ 関数	149	
F-分布	153	

i.i.d.	104	
p 次平均収束	34	

t-分布	151	

─── 著者略歴 ───

渡辺　澄夫（わたなべ　すみお）
1982 年　東京大学理学部物理学科卒業
1987 年　京都大学大学院理学系研究科
　　　　博士課程単位取得退学（数理解析専攻）
1993 年　博士（工学）（東京工業大学）
2001 年　東京工業大学教授
　　　　現在に至る

村田　昇（むらた　のぼる）
1987 年　東京大学工学部計数工学科卒業
1992 年　東京大学大学院工学系研究科
　　　　博士課程修了（計数工学専攻）
　　　　博士（工学）
1992 年　東京大学助手
1997 年　理化学研究所研究員
2000 年　早稲田大学助教授
2005 年　早稲田大学教授
　　　　現在に至る

確率と統計 ──情報学への架橋──
Probability and Statistics ── A Bridge to Information Science──
© Sumio Watanabe, Noboru Murata 2005

2005 年 4 月 15 日　初版第 1 刷発行
2021 年 6 月 15 日　初版第 8 刷発行

検印省略

著　者　　渡　辺　澄　夫
　　　　　村　田　　　昇
発行者　　株式会社　コロナ社
　　　　　代表者　牛来真也
印刷所　　三美印刷株式会社
製本所　　有限会社　愛千製本所

112-0011　東京都文京区千石 4-46-10
発行所　株式会社　コロナ社
CORONA PUBLISHING CO., LTD.
Tokyo Japan
振替 00140-8-14844・電話(03)3941-3131(代)
ホームページ　https://www.coronasha.co.jp

ISBN 978-4-339-06077-5　C3041　Printed in Japan　　　（新井）

〈出版者著作権管理機構　委託出版物〉
本書の無断複製は著作権法上での例外を除き禁じられています。複製される場合は，そのつど事前に，出版者著作権管理機構（電話 03-5244-5088，FAX 03-5244-5089，e-mail: info@jcopy.or.jp）の許諾を得てください。

本書のコピー，スキャン，デジタル化等の無断複製・転載は著作権法上での例外を除き禁じられています。購入者以外の第三者による本書の電子データ化および電子書籍化は，いかなる場合も認めていません。
落丁・乱丁はお取替えいたします。

自然言語処理シリーズ

(各巻A5判)

■監修　奥村　学

配本順			頁	本体
1.（2回）	言語処理のための**機械学習入門**	高村　大也著	224	2800円
2.（1回）	質問応答システム	磯崎・東中 永田・加藤共著	254	3200円
3.	情報抽出	関根　聡著		
4.（4回）	機械翻訳	渡辺・今村 賀沢・Graham共著 中澤	328	4200円
5.（3回）	特許情報処理：言語処理的アプローチ	藤井・谷川 岩山・難波共著 山本・内山	240	3000円
6.	Web言語処理	奥村　学著		
7.（5回）	対話システム	中野・駒谷 船越・中野共著	296	3700円
8.（6回）	トピックモデルによる 統計的潜在意味解析	佐藤一誠著	272	3500円
9.（8回）	構文解析	鶴岡・慶雅 宮尾・祐介共著	186	2400円
10.（7回）	文脈解析 ―述語項構造・照応・談話構造の解析―	笹野・遼平 飯田・龍共著	196	2500円
11.（10回）	語学学習支援のための言語処理	永田　亮著	222	2900円
12.（9回）	医療言語処理	荒牧英治著	182	2400円
13.	言語処理のための**深層学習入門**	渡邉・渡辺 進藤・吉野共著 小田		

定価は本体価格+税です。
定価は変更されることがありますのでご了承下さい。

図書目録進呈◆

シリーズ 情報科学における確率モデル
(各巻A5判)

■編集委員長　土肥　正
■編集委員　　栗田多喜夫・岡村寛之

	配本順				頁	本体
1	(1回)	統計的パターン認識と判別分析	栗田多喜夫 日高章理	共著	236	3400円
2	(2回)	ボルツマンマシン	恐神貴行	著	220	3200円
3	(3回)	捜索理論における確率モデル	宝崎隆祐 飯田耕司	共著	296	4200円
4	(4回)	マルコフ決定過程 ―理論とアルゴリズム―	中出康一	著	202	2900円
5	(5回)	エントロピーの幾何学	田中　勝	著	206	3000円
6	(6回)	確率システムにおける制御理論	向谷博明	著	270	3900円
7	(7回)	システム信頼性の数理	大鑄史男	著	270	4000円
8		確率的ゲーム理論	菊田健作	著		近刊
		マルコフ連鎖と計算アルゴリズム	岡村寛之	著		
		確率モデルによる性能評価	笠原正治	著		
		ソフトウェア信頼性のための統計モデリング	土肥　正 岡村寛之	共著		
		ファジィ確率モデル	片桐英樹	著		
		高次元データの科学	酒井智弥	著		
		最良選択問題の諸相 ―秘書問題とその周辺―	玉置光司	著		
		ベイズ学習とマルコフ決定過程	中井　達	著		
		空間点過程とセルラネットワークモデル	三好直人	著		
		部分空間法とその発展	福井和広	著		

定価は本体価格+税です。
定価は変更されることがありますのでご了承下さい。

◆図書目録進呈◆

マルチエージェントシリーズ

(各巻A5判)

■編集委員長　寺野隆雄
■編集委員　和泉　潔・伊藤孝行・大須賀昭彦・川村秀憲・倉橋節也
　　　　　　栗原　聡・平山勝敏・松原繁夫（五十音順）

	配本順			頁	本体
A-1		マルチエージェント入門	寺野隆雄他著		
A-2	(2回)	マルチエージェントのための データ解析	和泉　潔・斎藤正也・山田健太 共著	192	2500円
A-3		マルチエージェントのための 人工知能	栗原　聡・川村秀憲・松井藤五郎 共著		
A-4		マルチエージェントのための 最適化・ゲーム理論	平山勝敏・松原繁夫・松井俊浩 共著		
A-5		マルチエージェントのための モデリングとプログラミング	倉橋・高橋・中島・山根 共著		
A-6	(4回)	マルチエージェントのための 行動科学：実験経済学からのアプローチ	西野成昭・花木伸行 共著	200	2800円
B-1		マルチエージェントによる 社会制度設計	伊藤孝行著		
B-2	(1回)	マルチエージェントによる 自律ソフトウェア設計・開発	大須賀・田原・中川・川村 共著	224	3000円
B-3		マルチエージェントシミュレーションによる 人流・交通設計	野田五十樹・山下倫央・藤井秀樹 共著		
B-4		マルチエージェントによる 協調行動と群知能	秋山英三・佐藤浩・栗原聡 共著		
B-5		マルチエージェントによる 組織シミュレーション	寺野隆雄著		
B-6	(3回)	マルチエージェントによる 金融市場のシミュレーション	高安・和泉・山田・水田 共著	172	2600円

定価は本体価格+税です。
定価は変更されることがありますのでご了承下さい。

図書目録進呈◆

電子情報通信レクチャーシリーズ

(各巻B5判,欠番は品切または未発行です)

■電子情報通信学会編

共通

	配本順			頁	本体
A-1	(第30回)	電子情報通信と産業	西村吉雄著	272	4700円
A-2	(第14回)	電子情報通信技術史 ―おもに日本を中心としたマイルストーン―	「技術と歴史」研究会編	276	4700円
A-3	(第26回)	情報社会・セキュリティ・倫理	辻井重男著	172	3000円
A-5	(第6回)	情報リテラシーとプレゼンテーション	青木由直著	216	3400円
A-6	(第29回)	コンピュータの基礎	村岡洋一著	160	2800円
A-7	(第19回)	情報通信ネットワーク	水澤純一著	192	3000円
A-9	(第38回)	電子物性とデバイス	益一哉 天川修平 共著	244	4200円

基礎

B-5	(第33回)	論理回路	安浦寛人著	140	2400円
B-6	(第9回)	オートマトン・言語と計算理論	岩間一雄著	186	3000円
B-7		コンピュータプログラミング	富樫敦著		
B-8	(第35回)	データ構造とアルゴリズム	岩沼宏治他著	208	3300円
B-9	(第36回)	ネットワーク工学	田中裕介 村野敬正 仙石和 共著	156	2700円
B-10	(第1回)	電磁気学	後藤尚久著	186	2900円
B-11	(第20回)	基礎電子物性工学 ―量子力学の基本と応用―	阿部正紀著	154	2700円
B-12	(第4回)	波動解析基礎	小柴正則著	162	2600円
B-13	(第2回)	電磁気計測	岩﨑俊著	182	2900円

基盤

C-1	(第13回)	情報・符号・暗号の理論	今井秀樹著	220	3500円
C-3	(第25回)	電子回路	関根慶太郎著	190	3300円
C-4	(第21回)	数理計画法	山下信雄 福島雅夫 共著	192	3000円

配本順				頁	本体
C-6	(第17回)	インターネット工学	後藤滋樹／外山勝保 共著	162	2800円
C-7	(第3回)	画像・メディア工学	吹抜敬彦 著	182	2900円
C-8	(第32回)	音声・言語処理	広瀬啓吉 著	140	2400円
C-9	(第11回)	コンピュータアーキテクチャ	坂井修一 著	158	2700円
C-13	(第31回)	集積回路設計	浅田邦博 著	208	3600円
C-14	(第27回)	電子デバイス	和保孝夫 著	198	3200円
C-15	(第8回)	光・電磁波工学	鹿子嶋憲一 著	200	3300円
C-16	(第28回)	電子物性工学	奥村次徳 著	160	2800円

【展開】

				頁	本体
D-3	(第22回)	非線形理論	香田徹 著	208	3600円
D-5	(第23回)	モバイルコミュニケーション	中川正雄／大槻知明 共著	176	3000円
D-8	(第12回)	現代暗号の基礎数理	黒澤馨／尾形わかは 共著	198	3100円
D-11	(第18回)	結像光学の基礎	本田捷夫 著	174	3000円
D-14	(第5回)	並列分散処理	谷口秀夫 著	148	2300円
D-15	(第37回)	電波システム工学	唐沢好男／藤井威生 共著	228	3900円
D-16	(第39回)	電磁環境工学	徳田正満 著	206	3600円
D-17	(第16回)	VLSI工学 —基礎・設計編—	岩田穆 著	182	3100円
D-18	(第10回)	超高速エレクトロニクス	中村徹／三島友義 共著	158	2600円
D-23	(第24回)	バイオ情報学 —パーソナルゲノム解析から生体シミュレーションまで—	小長谷明彦 著	172	3000円
D-24	(第7回)	脳工学	武田常広 著	240	3800円
D-25	(第34回)	福祉工学の基礎	伊福部達 著	236	4100円
D-27	(第15回)	VLSI工学 —製造プロセス編—	角南英夫 著	204	3300円

定価は本体価格+税です。
定価は変更されることがありますのでご了承下さい。

図書目録進呈◆

情報ネットワーク科学シリーズ

(各巻A5判)

コロナ社創立90周年記念出版 〔創立1927年〕

■電子情報通信学会 監修
■編集委員長　村田正幸
■編集委員　会田雅樹・成瀬　誠・長谷川幹雄

本シリーズは，従来の情報ネットワーク分野における学術基盤では取り扱うことが困難な諸問題，すなわち，大量で多様な端末の収容，ネットワークの大規模化・多様化・複雑化・モバイル化・仮想化，省エネルギーに代表される環境調和性能を含めた物理世界とネットワーク世界の調和，安全性・信頼性の確保などの問題を克服し，今後の情報ネットワークのますますの発展を支えるための学術基盤としての「情報ネットワーク科学」の体系化を目指すものである．

シリーズ構成

配本順			頁	本体
1.（1回）	情報ネットワーク科学入門	村田正幸／成瀬　誠 編著	230	3000円
2.（4回）	情報ネットワークの数理と最適化 ―性能や信頼性を高めるためのデータ構造とアルゴリズム―	巳波弘佳／井上武 共著	200	2600円
3.（2回）	情報ネットワークの分散制御と階層構造	会田雅樹 著	230	3000円
4.（5回）	ネットワーク・カオス ―非線形ダイナミクス，複雑系と情報ネットワーク―	中尾裕也／長谷川幹雄／合原一幸 共著	262	3400円
5.（3回）	生命のしくみに学ぶ 情報ネットワーク設計・制御	若宮直紀／荒川伸一 共著	166	2200円

定価は本体価格＋税です．
定価は変更されることがありますのでご了承下さい．

図書目録進呈◆